宇宙人と出会う前に読む本

全宇宙で共通の教養を身につけよう

高水裕一　著

カバー装幀　芦澤泰偉・児崎雅淑
カバーイラスト　秋山　花
本文デザイン　齋藤ひさの
本文図版　さくら工芸社

プロローグ　宇宙のとあるカフェにて

どこまでも続く暗黒の宇宙空間に、そこだけが明るく輝いている、人工的な建造物が浮かんでいます。その巨大さたるや、あの国際宇宙ステーション（ＩＳＳ）さえ比較にならず、もはや一つの「都市」とでもいえそうなほどです。いま、あなたはこの「惑星際宇宙ステーション」に、地球人メンバーの一人として足を踏み入れたところです。

厳正な審査によって「一定程度以上の知能を有する」と認められた知的生命だけが訪問・滞在の資格を与えられるこのステーションは、学術研究の成果を交換したり、親睦をはかったりするために宇宙で初めてつくられた、いわば「宇宙人」どうしの社交場です。地球人はこれまで何度も審査にトライしては落とされてきましたが、最近ようやく参加を認められ、今後は定期的に人員を派遣することになったのです。

派遣メンバーは各国政府の高官や、ノーベル賞クラスの物理学者、化学者、生命科学者などそうそうたる顔ぶれですが、わずかながら一般市民の枠もあり、超高競争率の抽選で決まります。あなたがみごとに当たりを引くことができたのは、ブルーバックスを1万冊購入していたので優遇されたためという噂もありますが、定かではありません。

さて、ステーションに到着した地球人メンバーは、それぞれに課せられた仕事をこなすため、別行動をとることになりました。しかし、一般市民代表のあなたには、とくに決められた課題はありません。しいていえば、できるだけほかの宇宙人と交流することが、あなたに期待されている役割でしょう。いままで宇宙人に会ったことなどないあなたは極度に緊張しつつも、勇気をふりしぼって、宇宙人が集まって交流するカフェをのぞいてみることにしました。

　通路を一人で歩きながら、あなたの心臓はもう破裂しそうに高鳴っています。いよいよカフェの入り口に着きました。ドアの前に立つと自動的に開き、内部が見渡せます。一見すると、そこは地球上のどこにでもある普通のカフェのようでした。しかし鼻に入ってきたのはコーヒーの香りではなく、まったく嗅いだことがない、得体の知れない飲み物らしきものの匂いでした。テーブルがいくつもあり、たくさんの人が会話に興じています。写真や動画で見たことはあっても、実際に宇宙人を見るのは初めてのあなたの緊張は、いまやＭＡＸに達しています。

　さあ、これからどうしたものでしょう。あなたはともかくもカフェの中に進み、人々の姿に度肝を抜かれたり、目が釘づけになったりしながら、とりあえずの居場所を求めてさまよいます。傍（はた）から見ると、明らかに挙動不審でしょう。実際、やや遠くのテーブルから、じっとこちらを観察している何人かと目が合ってしまいます。なにやら不気味な感じの人たちです。

　動揺して、つい前方への注意がおろそかになり、ある宇宙人と肩がぶつかってしまいました。息の荒い、いかにも柄の悪そうな人です。まずい……。案の定、その人はあなたを睨（にら）みつけ、なにごとかをまくしたてながらすごい剣幕でからんできました。ああ、最初の宇宙人とのコンタクトがこれか……なんてこった！　あなたは頭が真っ白になり、なんと言ってよいかわからず立ちつくして、口をぱくぱくさせるばかりです。

そこへ、地球人の目にもいかにも紳士的に映る、身なりのよい人が近づいてきました。その人は、まるで知り合いででもあるかのようにあなたに声をかけると、さっとあなたの手をとって、すばやく離れたテーブルにまで導いてくれたのです。おかげで難を逃れることができました。

「もう大丈夫ですよ」

少し落ち着いたあなたは自動翻訳機のスイッチを入れ、その人がそう言ってくれたことを理解しました。ステーションでは、メンバーとなっている惑星の言語を登録した自動翻訳機を貸与されるので、日常会話には不自由しません。あなたは翻訳機を使って心からのお礼を伝えました。

その人は飲み物を買ってきて、あなたの目の前にコップを差し出してくれました。思いきって一口飲んでみて、驚きました。それはなじみのある地球のコーヒーだったからです。

「最近、新しいメンバー向けに仕入れた飲み物だそうですが、たぶん、あなたもその惑星の人だろうと思いまして」

予想が的中して、その人はうれしそうです。あなたはお互いの気持ちが打ち解けていくのを感じました。初めて、宇宙人の友だちができたのです！

あなたが感慨にひたっていると、彼は微笑(ほほえ)みながら、ゆっくりとこう尋ねてきました。
「ところで、あなたはどこから来たのですか？」

「宇宙」で通用する常識とは

ここでいったん、時間を止めましょう。ここまでをお読みいただいて、科学に対して真面目な人ほど、ツッコミどころ満載の設定だと眉をひそめていらっしゃるのではないでしょうか。ブルーバックスでこんないいかげんな話を書いていいのかと機嫌を悪くされた方もいらっしゃるかもしれません。私もそれは予想していましたので自分でツッコミを入れると、なによりも、このように多種多様な惑星の人々が一堂に会するような状況をつくることは、まず不可能と考えられます。宇宙はあまりにも広大で、「光年」で表される星と星の間の距離は、光の速さでも何年も何十年もかかるほど隔たっています。リアルなことをいえば、宇宙船に乗った宇宙飛行士が生きているうちに太陽系を出ること自体、夢のまた夢の話かもしれません。それほど惑星どうしは絶望的に遠く、宇宙人はみな、ほぼ永遠に孤独であるともいえます。それなのに、どうやったら宇宙のあちこちからカフェに集まれるんだ！　と思われるのは至極もっともなことです。

しかし、ここはあまり目くじらを立てず、この設定を受け入れていただければうれしいです。そうでないと、この本はこれ以上、先へ進むことができませんので……（いちおう終わり近くでは、この設定がぎりぎり成立する可能性も示しています）。

さらにいえば、こんなことをイメージしていただきたいのです。あなたが江戸時代の末期、まだペリーが黒船で来航する前の日本に住んでいたとして、太平洋を臨む海岸に立ち、この海の向こうにはいくつもの発達した文明があり、そのうちの何人かが、いまにもここにやってくるかもしれないということを想像できるでしょうか。知識は当時の一般的なレベルだったとしてですよ。「できる」と自信をもって答えられる人は、この本をお読みになる必要はないかもしれません。本書は、とてもそんな自信はない、という方のために書いたつもりです。

これからこの本であなたには、さきほど「恩人」に尋ねられたように、いくつかの質問を受けていただきます。それらの質問には、一見たわいないものもありますが、いざ真剣に考えてみると、答えるのはなかなか難しいことがわかると思います。「日本」という一国の中だけの価値観にとらわれていると「世界」が想像できないのと同じように、「地球」の価値観にとらわれていると「宇宙」ではどう答えればよいかが想像できないのです。具体的には、たとえば「あなたはどこから来たのですか」というさきほどの問いに対して、「地球から来ました」などと答えるのは、宇宙における常識からすれば下の下です（理由はあとで説明します）。

また、質問の中には、あなたが現在もっている科学についての「教養」が、宇宙でも通用するレベルかどうかを問うものもあります。実際、あなたが学校で習ってきたさまざまな知識には、地球でしか通用しないローカルなものもたくさんあります。しかし一方では、宇宙人なら絶対に知っておくべき必須の教養もあります。本書は質問に答えていただきながら、「宇宙標準の教養」とは何かが少しずつわかるように構成したつもりです。

目標は「宇宙偏差値」15アップ！

本書では、みなさんの「宇宙教養」のレベルがどの程度かを測る物差しとして、「宇宙偏差値」という指標を使うことにします。本文の中に【偏差値】というアイコンが出てきたら、そこで述べられていることをあなたは十分に知っているか、確認してください（正直に！）。知っていたら、２６４ページからの表にチェックを入れてください。最後まで読み終えたときにチェックできた数から、あなたの宇宙偏差値が算出できます（もちろん私の独断と偏見です）。できれば、そのあともう一度、最初からチェックしてみてください。2度目で宇宙偏差値が15上がっていれば、あなたの宇宙人としての教養はかなりレベルアップしたといえるでしょう。もうステーションのカフェに入っても、びくびくせずにいられるかもしれません。私たち地球人だって、宇宙人です。せっかくなら正しい宇宙教養を身につけて、「真の宇宙人」になりたいものですよね。

では、惑星際宇宙ステーションのカフェに戻り、再び時間を動かすことにしましょう。

宇宙人と出会う前に読む本 ◎ もくじ

第2章 あなたは何でできていますか？ 39

第3章 あなたたちの太陽はいくつですか？ 57

第9章　数のなりたちを知っていますか？　199

第10章 宇宙人の孤独を知っていますか？ 229

第11章 エネルギーは何を使っていますか？ 251

第1章 あなたはどこから来たのですか？

「私はどこから来たのか」をどう説明するか

あなたを助けてくれた宇宙人は、初対面のあなたとの会話のきっかけをつくるつもりで、なにげなくそう尋ねてきたのでしょう。では、この質問にあなたはどう答えればよいでしょうか？

「地球という惑星から来ました」

もしこんな答え方をしたら、相手に対してきわめて不親切であるどころか、社交の場においてはマナー違反とさえいえることは、ぜひ知っておいてほしいところです。

たしかに、あなたは地球という惑星から来ました。しかし、「地球」という惑星名には、相手が同じ太陽系の住人でもないかぎりなんの意味もないのです。あとでまたくわしくお話ししますが、宇宙人が自分の住んでいる惑星の位置を伝える場合、その惑星が公転している「恒星」、つまりその宇宙人にとっての「太陽」の位置情報を基本とすることになるはずです。「地球という惑星から来ました」という答えは、海外で初対面の相手にどこから来たのかを聞かれて、いきなり「〇〇県から来ました！」と答えるようなものなのです。恥ずかしいですよね。

なお本書では、惑星際宇宙ステーションに集まる宇宙人は、私たちと同じ天の川銀河の住人であり、かつお互いの「太陽」が肉眼で見える範囲に住んでいることを前提にします。約2000光年の範囲です。星座を構成する1等星から6等星までは、ほぼこの中にあります。天の川銀河の直径は約10万光年もあり、その中には約1000億個の恒星があります**〔偏差値〕**ので、銀河内のすべての宇宙人がステーションに集まることは、さすがに考えにくいからです。

では、あなたは自分の「太陽」について何を伝えれば、その位置がわかってもらえるでしょうか？　地球ではそんなこと、考えたこともありませんよね。

少し落ち着いて考えれば、同じ天の川銀河に住んでいるのだから、銀河の中心からどのくらい離れているかを示せれば、おおまかな位置を示すことはできそうな気がします。では、私たちの太陽は天の川銀河の中でどのあたりにあるのでしょうか。地球人ならば常識として知っておくべきです。私たちの太陽は、銀河の中心から約2・6万光年離れたところにあるとみられています。銀河の半径が約5万光年なので、太陽は中心から端までのほぼ真ん中に位置しているということです**〔偏差値〕**。中心よりはどちらかといえば端に近い、東京都でたとえると、中心が中央区か千代田区とすると西東京市のあたりでしょうか。「都心」というよりは「郊外」にあたるでしょう。

しかし、あなたがどこから来たのかを説明するには、この方法ではアバウトすぎます。銀河の中心から太陽までの距離は約2・6万光年といっても誤差があり、ここで考える2000光年以内の世界は、その誤差の範囲にすっぽり含まれてしまうからです。

ほかには、お互いが知っている恒星をいくつか共通の目印として使えれば、自分の太陽はその中のどの星に近いかを伝えることができそうです。たとえば私たちの太陽の場合、いちばん近い星はケンタウルス座α星です。正確には、α星はいくつかの連星で、その中のプロキシマ・ケンタウリ星がいちばん近く、太陽から約4・2光年です【偏差値】。次に近いのは、肉眼で見える程度に明るい星に限れば約8・6光年離れたシリウスです。相手の宇宙人もこれらの星を知っていれば、一発で太陽の位置は伝わります。しかし、そう都合よく、太陽に近い星を相手が知っているとは期待できないでしょう。

こうして考えると、私たちの太陽がどこにあるかを説明するのはなかなか難しいことがわかっていただけると思います。ここはぜひみなさんも自分で考えてみていただきたいところです。

「立体星座」の効用

私の提案は、「星座」を使うことです。SF映画などで、地球に飛来してきた宇宙人がどこから来たのかと聞かれて、夜空の星を指さして「こと座から来ました」などと答えるシーンがあります。星座は恒星が存在する方向や、恒星どうしの位置関係をかたまりごとに示すことができ、なおかつ、さまざまな事物になぞらえることでイメージがしやすいので地球では一定の需要がありますが、宇宙人との会話で使うにも、そこそこ有効ではないかと思っています。

もちろん、クリアすべき問題もたくさんあります。そもそも「星座」という概念を相手がもっているのかわかりません。「私たちの惑星にはこういう形に似たさそりという生きものがいまして、だからこの星の一群を、さそり座と呼んでいるのです」というところから一つ一つやっていかなくてはならないとしたら、かなり大変です。

なにより問題なのは、夜空に見える恒星の配置は、惑星によってまったく違うということです。地球の星座はあくまで、地球から見た星々を線で結んだものです。本来なら地球からの距離が違う星々の立体的な位置関係を、のっぺりと平面にしてしまったものです。

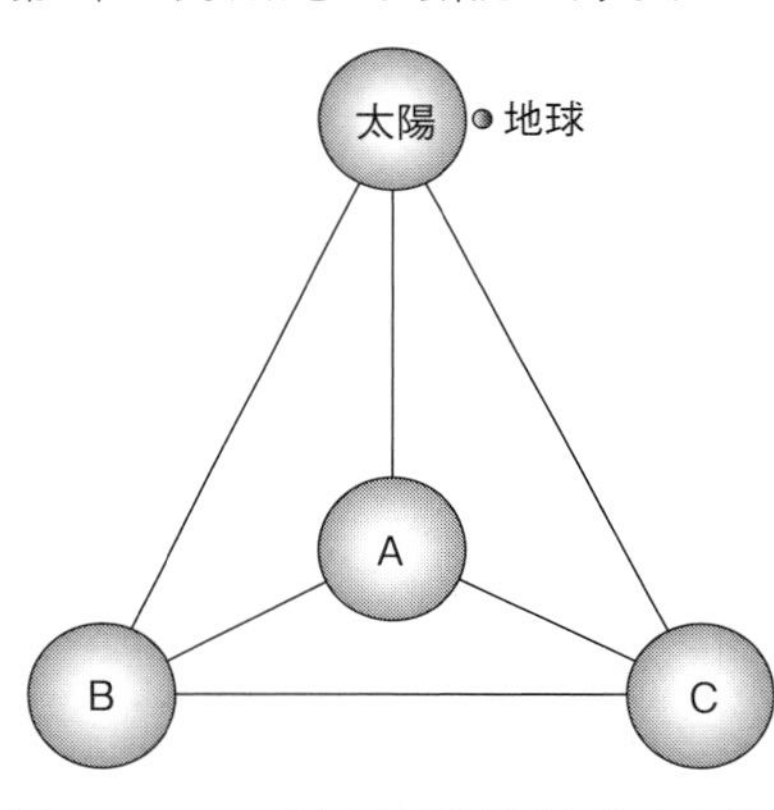

図1-1　4つの星の位置関係を表す立体星座

太陽とA星、B星、C星は三角錐の頂点になっている

たとえば、図1-1のように三角錐（すい）の位置関係になっている4つの星があるとします。正三角錐ではなく、側面は二等辺三角形になっています。仮に、この三角錐の頂点に私たちの太陽があり、したがってほぼ同じ位置に地球があるとします。すると地球の私たちからは、三角錐の底面をつくる3つの星、A星、B星、C星は、正三角形の星座に見えます（図1-2）。

ところが、A星から見ると、B星とC星と私たちの太陽は、縦長の二等辺三角形の星座に見

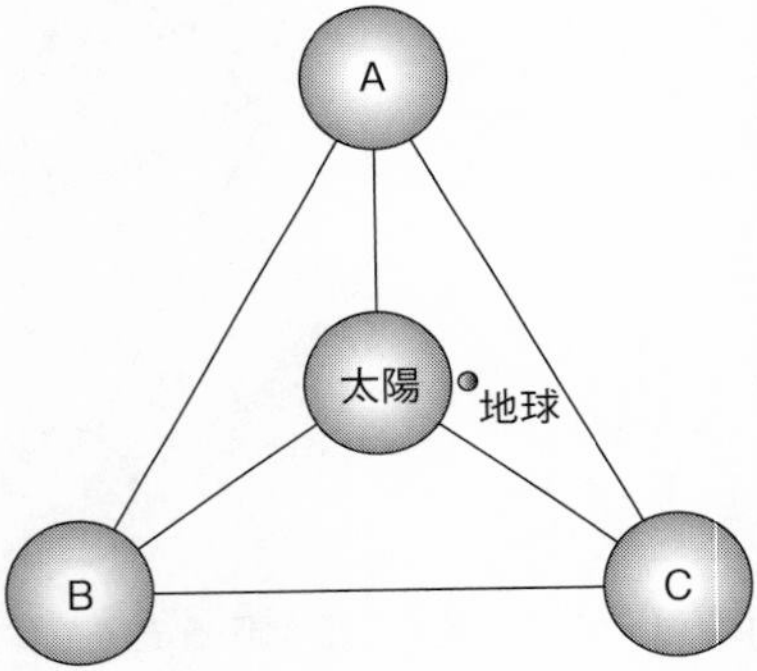

図1-2　地球から見たA星、B星、C星
正三角形に見える

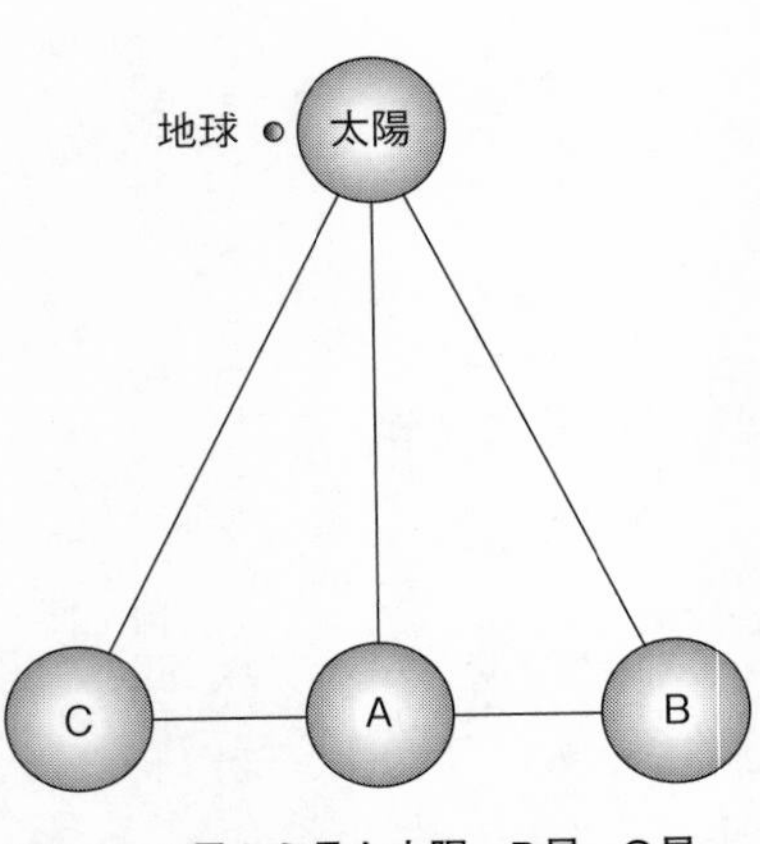

図1-3　A星から見た太陽、B星、C星
二等辺三角形に見える

えるわけです（図1‐3）。これでは、A星を太陽にもつ惑星の住人が地球に来て夜空を見上げても、自分がどこから来たのかまったくわかりません。

つまり、ただ2次元の平面に落としこんで描いた星座ではなく、図1‐1のように3次元の空間にある点どうしを結んだ「立体星座」が必要ということです**【偏差値】**。

ひとつ、私の講演ではわりと受けがよい話をします。夏の大三角形をなすベガとアルタイルを「織姫（おりひめ）」と「彦星（ひこぼし）」に見立てて、1年に一度、七夕の日だけ会えるという言い伝えがあるのはご存じのとおりです。しかし、じつは現実には、このカップルが出会うのはかなり厳しいのです。というのも立体的な距離では、両者は14・4光年も離れているからです。会うどころかメールのやりとりをするにも「元気？」と送って「元気だよ」と返ってくるまでに、光の速さでも約29年。若い二人も初老を迎えてしまいます――とここまでは、よくある七夕ネタなのですが、本当にお話ししたいのはここからです。

永遠とも思えるほど離れたこの二人、じつは「みなみのうお座」という星座の方向から見ると、いつ何時もベッタリくっついていて、まさにラブラブなのです。この星座名にピンとくる人は多くないでしょうが、フォーマルハウトという、日本では南の空にぎりぎり見えるかどうかという1等星をもつ星座です。これも星座は視点によって見え方がまったく異なるという好例で、切ない悲恋に悩む二人が、急にバカップルに見えてしまう！　というお話でした。

もし、天の川銀河に共通の、立体星座の公式カタログをつくっておけば、それを参照することでお互いの「太陽」の位置を飛躍的にスムーズに特定できるようになります。でも、そんなものをつくるのは大変だろうと思われるでしょう。ところが、そうでもないのです。

図1-4は、私が試しにつくってみたオリオン座の立体星座です。3D画像を簡単に作成できる「Tinkercad」というアプリを利用しました。一見、きれいに配列しているように見える星々が、横から見るとかなり凸凹（でこぼこ）しているのがわかります。とくに、おなじみの3つ星の実際の位置

関係には驚かされます。私はこうした立体星座を触って実感できるフィギュアのようなものを製作して、イベントで一般の方に見ていただいたりもしています。最初は「なんだこれは?」と訝しがるお客さんも、視点を変えたときの星座の変化に、新しいことを知ったときの「アハ！体験」のような感動を覚えるようです。要するに、素人の私にもこれだけつくれるのですから、宇宙ステーションにはぜひ、天の川銀河の立体星座カタログを常備していてほしいものです。

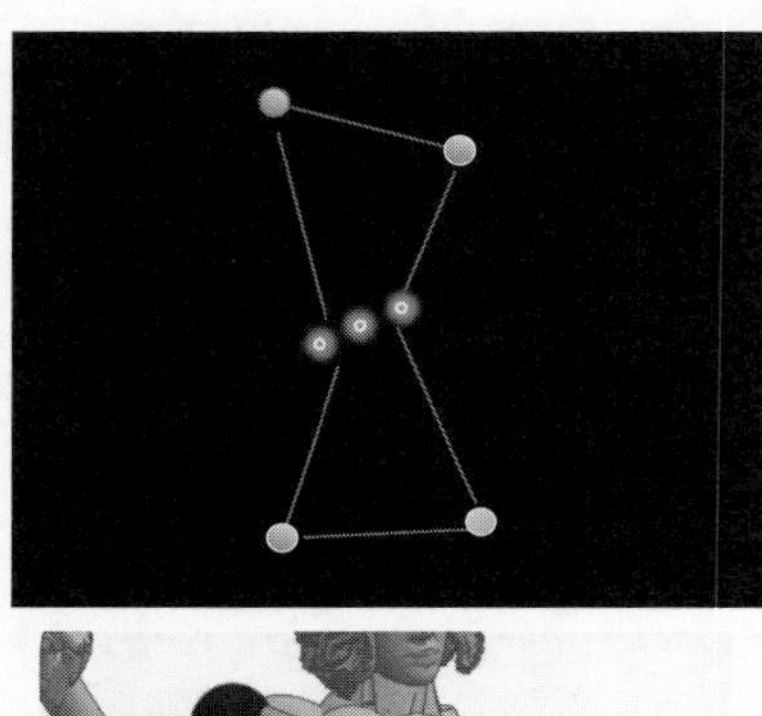

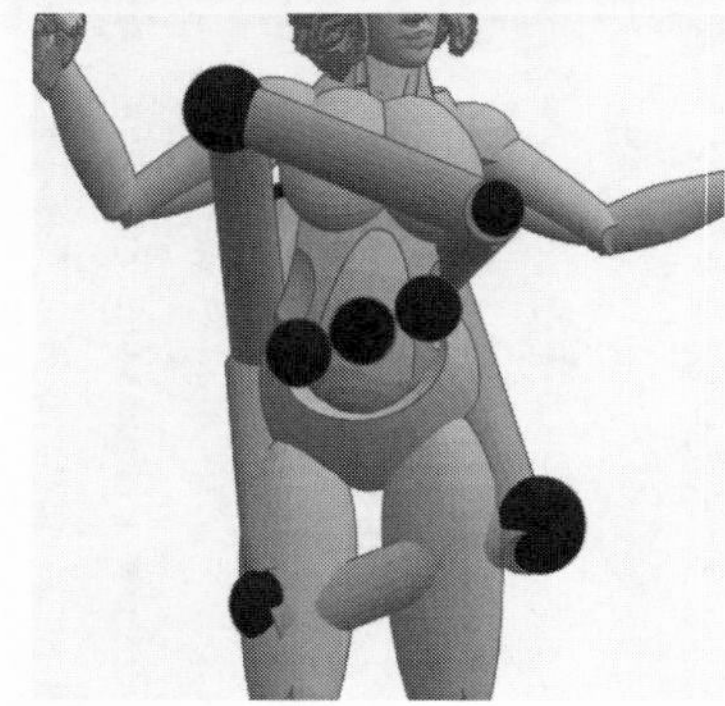

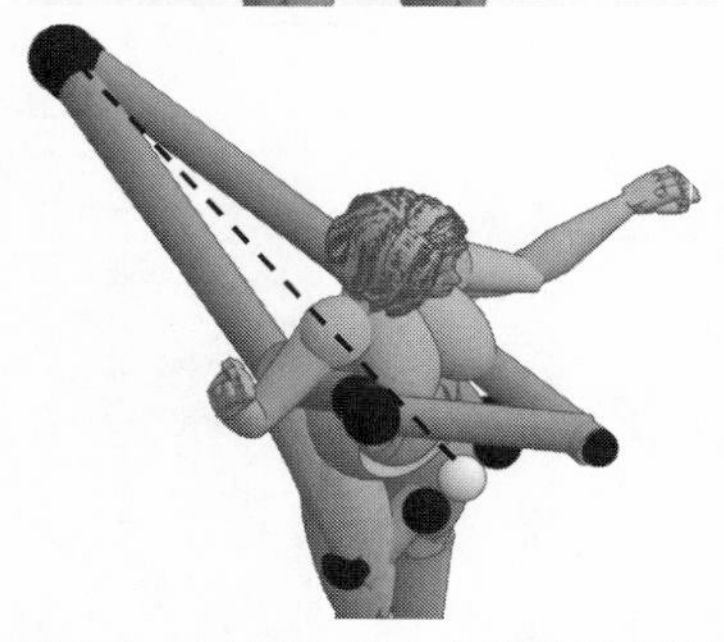

図1-4　オリオン座の立体星座（筆者作成）
上からオリオン座を見ると、3つ星の真ん中はずっと奥にある（下の図）

それをつくるにはまず、天の川銀河における恒星の絶対的な位置を記した立体マップが必要です。銀河の中心を経度・緯度とも0度とする「銀河座標」をつくって、恒星の位置を「銀経○度」「銀緯△度」というふうに決めるのです。『スター・ウォーズ　エピソード2』で、ジェダイがある惑星の探査に向かう際にジェダイ図書館に立ち寄り、ホログラムで投影された立体的な星の地図を手でズームしたり視点を変えたりして見ていましたが、あれです。まあ、考えてみればそれさえあれば、何もわざわざ立体星座を決めなくてもいいともいえるかもしれません。

ただ私にいわせれば、空間に点だけが打たれている地図は、無味乾燥な気がしてなりません。やっぱり、神話をもとにさまざまなものが描かれた星座には、尽きせぬロマンがあります。公式の立体星座があれば、それをもとに、惑星ごとの星座の違いを比較して楽しむこともできます。初対面どうしでも会話が盛り上がること、間違いありません。こんなふうに。

私の太陽は何座ですか？

地球外でできた初の友人から立体星座カタログの存在を教えてもらったあなたは、「太陽」を検索し、なんとか位置を示して彼の質問に答えることができました。

ふと、あなたのなかで、強い好奇心が湧き上がってきました。私たちの太陽は、たとえばこの人の惑星からは、どのような星座として見えているのだろう？

地球を離れるまでは、思いもつかなかった疑問でした。あなたは、友人に質問しました。

図1-5　ケンタウルス座の「リギル・ケンタウルス」
太陽はどちらかの足の踵に見えるのかもしれない

「あなたの惑星では、私の太陽は何座ですか？」
思わぬ逆質問に、彼もちょっと意表をつかれたようです。少し微笑を浮かべながら、彼はしばし、考えこんでいます。

もちろん太陽の見え方は、その惑星がどの位置から見ているかによって異なります。仮に地球からごく近く、10光年ほどの範囲内なら、近くの恒星と一緒の星座に加えられるでしょう。あるいは地球におけるケンタウルス座（図1-5）と似たような星座の一部となっているかもしれません。その中でいちばん明るい1等星ケンタウルス座α星には「リギル・ケンタウルス」という別名があり、「リギル」はアラビア語で「足」を意味します。星座図によればケンタウルスは向こうを向いて立っているので、左足の爪先に対応します。右足の爪先はケンタウルス座β星です。もしも太陽がこの星座の一部として

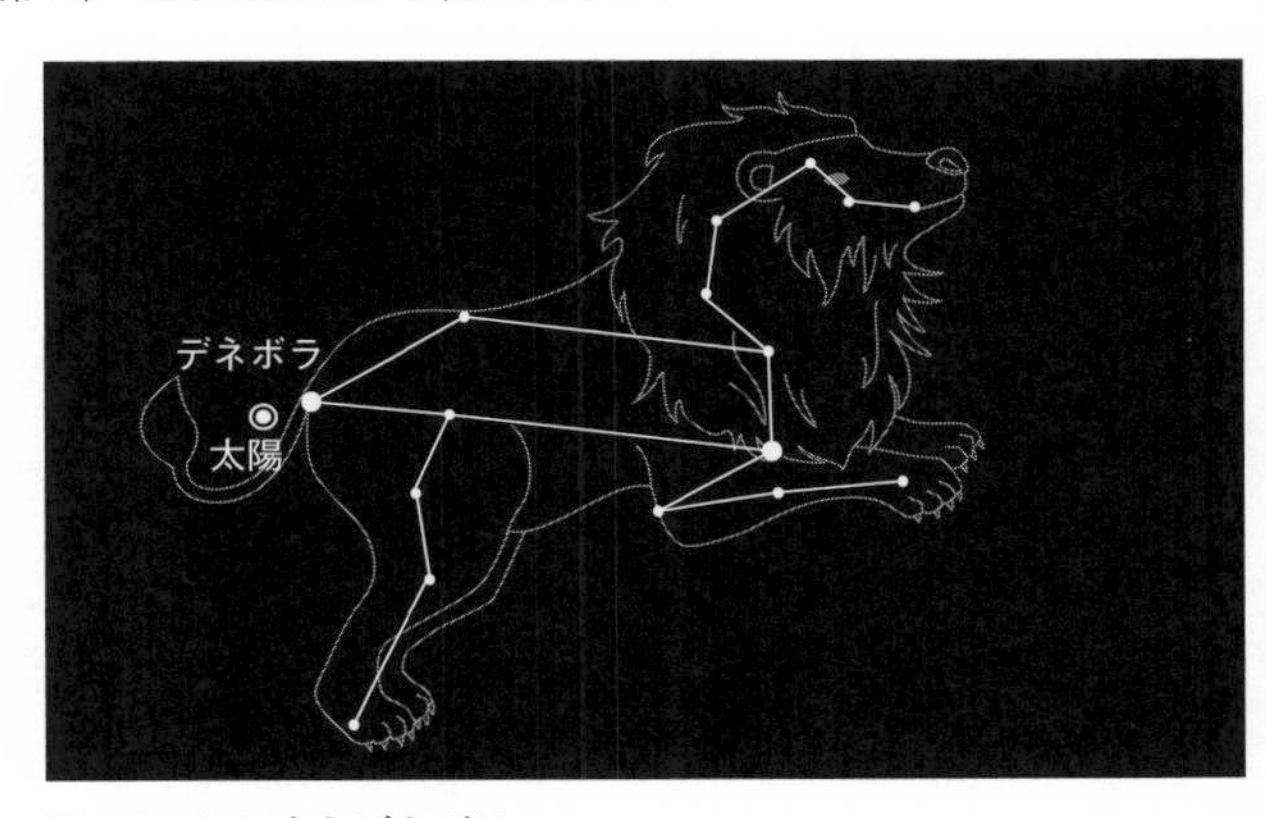

図1-6　しし座とデネボラ
太陽は「ライオンのうんち」？

名乗りをあげるとしたら、どちらかの足の踵といったところでしょうか。

あるいは、惑星の位置によっては、太陽とα星が重なって、連星のように見えている可能性もあります。ただし、お互いのまわりを回りつづける本当の連星ではなく、見かけ上、くっついているので連星っぽく見えるということです。

いま、彼は答えにたどりついたようで、大きく目を見開きました。そして次にはなぜか、げらげらと笑いだしました。いったいどうしたのでしょうか。自動翻訳機に耳を傾けましょう。

彼の惑星では、私たちの太陽は「しし座」にあるのだそうです。奇しくも彼の惑星にも、地球のライオンに似た動物がいて、地球の「しし座」（図1-6）と同じ星座を、その動物に見立てて、彼の惑星の言葉で「しし座」と呼んでいるというのです（そんな都合のいい偶然、ありえない、と思われるでしょうがご容赦ください！）。よりくわしくいえば、しし座の中の、地球では「デネボラ」という名の2等星のすぐ近くに、われらが太陽は見えているのだとか。この位置に太陽が見えるということは、彼の惑星はペガスス座に比較的近いところにあるのだな、ということがわかるのも、立体星座カタログの「ご利益」です。

それはいいとして、彼はどうしてそんなに笑っていたのでしょうか。聞けば、地球でいうところのデネボラは、ライオンのお尻に位置していて、お尻のすぐ近くにちょこんとくっついている私たちの太陽を、彼の惑星では「ライオンのうんち」と呼んでいるそうです！

「あなたはライオンのうんちから来たのですね！」

そう言って快活に笑う彼につられて、あなたも大笑いしています。ついさっきまで、びくびくしていたのが嘘のようです。

種明かしをしますと、じつは私は、太陽をどの星座に加えれば面白い絵になるかをずっと考えていて、しし座に加えるこのアイデアは、児童向けに書いた『知らなきゃよかった宇宙の話』（主婦の友社）で提案したものです。子どもにもわかりやすいと思ったのですが、もっとよい例があったかもなあと、いまでも星座を眺めては悩んでいるのです。よい考えを思いつかれた方は、ぜひご一報ください。ただし、その場合はどの方向から見た太陽かも教えてくださいね。

あなたの太陽は何色ですか？

カタログに頼りながらも宇宙で最初の質問をなんとかクリアして、あなたには宇宙人と交流していく自信が少し芽生えてきました。しかし、彼の次の質問に、またしても虚をつかれます。

「では、あなたの太陽は何色ですか？」

太陽の、色？　そんなこと、いままで考えたこともありません。地球人のほとんどはそうでしょう。しかし、これもまた宇宙人としては知っておくべき必須の教養なのです。

さきほど述べたように、天の川銀河にはおよそ1000億個の恒星が存在すると考えられています。さらに宇宙全体を見渡すと、銀河はおよそ2兆個あるともいわれています**〔偏差値〕**。つまり、これらをかけた1000億×2兆の答え（2×10の23乗）が、宇宙のすべての恒星の数ということになります**〔偏差値〕**。まさに無数とも思えますが、じつは、すべての恒星は「色」によって7つの種類に大別することができるのです。

少し説明しますと、恒星、つまり星にも一生涯というものがあり、「誕生」から「死」までの、いわゆる「寿命」があります。星の寿命はその質量によって決まり、おおざっぱに言ってしまえば、だいたい100億年前後です。仮に星の寿命を「人生100歳」にあてはめると、星は生まれてから「90歳」まで、現役の青春時代が続きます。ちょっとうらやましいですね。しかし、最後の「10年」ほどで急激に老けます。そして最後は、その質量によって、爆発するなどいくつかのパターンに分かれる「死」を迎え、残骸が「骨」のように残ります。生物の骨は、時がたっても地中で化石として残りつづけますが、星の「骨」も、白色矮星、中性子星、ブラックホールなどの天体となって、宇宙空間に長く残ります。

そして青春真っただ中の「90年間」、元気に輝いている状態の星のことを「主系列星」といいます〔偏差値〕。この主系列星が7つのタイプに分類できるということです。

タイプがわかれば「明るさ」「質量」「寿命」がわかる！

天文学では、このタイプ分けのことを「スペクトル分類」と呼びます。スペクトルとは、星から発生する光の波長です。難しいことを抜きにすれば、星の「色」で分類されていると考えてさしつかえありません。それは、次のように7つの色に分かれています〔偏差値〕。

青……OB型　青白……A型　クリーム……F型　黄（緑）色……G型
オレンジ……K型　赤……M型　褐色……LYT型

分類法は厳密にはいろいろありますが、これは最も一般的な「MK分類」にもとづいています。また、横軸にスペクトル型、縦軸に明るさをプロットしたHR（ヘルツシュプルング－ラッセル）図が、天文学ではよく見る星の一生を分類する方法です。

アルファベットの「型」の名前も実際に天文学で使われているものです。なにやら意味ありげですが、単純に、該当する星が発見された順にAからつけていったところ、そのあとに新たな分類が増えたりした結果、こうなっただけです。規則性がなく覚えにくいので、天文学を学びはじめた学生も「Oh, Beautiful And Fine Girl, Kiss Me」と語呂合わせで覚えます。

OB型とは、O型とB型という2つのクラスをまとめたものです。同様にLYT型も、L型、Y型、T型の3つがまとめられています。ただしLYT型には、注釈が必要です。普通の星よりきわめて軽量（太陽質量の1％程度）で、しかも普通の星の内部で起こっている水素の燃焼とは違うタイプの燃焼をしているのです（重水素の燃焼）。いわば、正式な星の基準にぎりぎり達していない「星候補生」であり、「矮星」とも呼ばれています。語呂合わせには入っていません。

7色の分類と聞くと、なんとなく虹の7色が思い浮かぶでしょう。実際、光の波長の長さごとに分類しているという点では、まったく同じです。虹の色の分け方は国によって異なり、日本では波長が短いほうから紫、藍、青、緑、黄、橙、赤に分けられています。この7色は、かのアイザック・ニュートンが決めたものといわれています。日光が空気中の水滴などに当たって散乱するときに、波長の違いによって分離して見えるのが、虹の正体です。これもスペクトル分類ということができます。

　では、星の色のスペクトル分類は虹とどこが違うのでしょう。

　虹は太陽の光が大気中で散乱したときの色でしたが、星の色は、基本的に大気などを通して星を見たときの色です。そのために虹とは異なり、紫や藍はなく、最も波長が短いのは青（ＯＢ型）です。そのあと順に波長が長くなるのは虹と同じですが、大気を通すとどうしても白みがかった色になってしまうので、青のあとは青白、クリーム色と続きます。黄（緑）色（Ｇ型）が、虹の黄色と緑色に対応している感じです。

　星の色による分類はまた、星の「明るさ」にも対応しています。青いＯＢ型の星がいちばん明るい星で、青白のＡ型、クリーム色のＦ型……の順に明るさは落ちていきます。

　また、星の「重さ」、つまり質量も基本的にこの順番です。星が明るいのは星の内部で水素やヘリウムなどの元素が燃焼しているからです。最重量クラスのＯＢ型は、この水素とヘリウムのガスの量が多いので、重いのです。材料が多いなら、そのぶん長く燃えていられそうですが、星は重いと、重力で一気にその材料を使い果たしてしまうので、短時間で燃え尽きてしまいます。材料が少なくても暗く長く燃える線香花火と、一瞬で明るく燃える打ち上げ花火の関係に似ています。つまり、重い星ほど、明るく燃え、短命となるわけです**【偏差値】**。たとえば１等星のスピカはＢ型で、非常に明るく、質量も巨大で太陽のおよそ10倍です。

なおOB型の星では、質量が太陽の8倍以上のものは超新星爆発と呼ばれる壮絶な死を迎え、太陽の30倍以上のものは超新星爆発のあと、ブラックホールに変わります【偏差値】。なんでも吸い込む暗黒魔王のようなブラックホールも、もとは超絶明るく輝く美人だったとは、ディズニーの映画にありそうな設定です。

星の「寿命」も、このタイプによって決まります。上で述べたように、燃料となる水素やヘリウムの量が多いほど、星は自分の重さで急激につぶれるので、重い星ほど急速に明るく燃えて、短命となります。

星の寿命は、次の式によって決まります。Mは太陽質量の何倍かを示す値です。

星の寿命＝約１００億×Mのマイナス３乗（年）

これをあてはめると、各タイプの星の寿命は以下のようになります（単位は年）。

OB型…１０００万～１億　A型……4億～12億　F型……30億

G型……１００億～１５０億　K型……２００億～１０００億

M型……１０００億～10兆　LYT型……10兆～ほぼ死なないほどの長寿

タイプによってずいぶん違うものです。このように星の色は、それがわかるだけで星の明るさ、質量から寿命までわかってしまう、非常に重要な情報なのです。そして恒星のこれらの性質は当然、その周囲をまわる惑星にも大きく影響します。おそらくすべての宇宙人が、この分類を重視しています。友人があなたに太陽の「位置」の次に「色」を尋ねてきたのは、そう考えると至極あたりまえのことだったのです。

驚くべき太陽の色

では、私たちの太陽はいったい何色なのでしょうか？　そんなことについて考えたこともないあなたは、自信なさそうにこう答えます。

「黄色、だと思います……」

たしかに晴れた空に輝く太陽はそう見えますので、地球人にとっての一般的なイメージはそんなところです。しかし残念ながら、この答えは間違いです。スペクトル的には、太陽の色はなんと「緑色」なのです！　つまり、さまざまな波長の光のうち、緑色に見える波長の光をいちばん強く出しているということです。

このことは、光の色の足し算を考えればわかります。私たちが昼間に見上げる太陽は、たしかに黄色と言ってよいでしょう。しかし、私たちに届く黄色い光は、その前に大気に当たって散乱して、青い光が飛んでしまっています。だから空は青いのです。だとすると、もともとの光は何色でしょうか。黄色＋青色＝緑色となるのはわかりますよね。

ちなみに地球の植物が緑色なのは、緑色が好きだからではありません。その逆で、緑色は使えないので反射していて、われわれ人間はその波長の光に強く反応するので緑色に見えるのです。

さて、あなたは友人に間違った答えをしてしまいましたが、幸い、とくにまずいことにはならずにすみました。というのも、緑色であっても黄色であっても、星の分類では私たちの太陽はG型だからです【偏差値】。よかったです。さらによかったことに、答えを聞いて彼は、

「どうりで親近感が湧くわけですね」

と、うれしそうにしています。なんと彼の惑星の「太陽」も、同じG型星なのだそうです！

そういえば、地球から約50光年離れたペガスス座51番星という恒星が、地球の太陽によく似たタイプであり、20世紀末にはそこで最初の太陽系外惑星が見つかって話題になったことを思い出しました。では、ひょっとしてこの人は、あの星から？

恒星の情報は宇宙のコモンセンス

ここでイメージしやすいように「太陽」の7つのタイプを言葉にしてみました。

OB型は**重量型**、F型は**中量型**といえます。

A型は宇宙で最も標準的な重さなので**標準型**です。

私たちの太陽を含むG型は**軽量型**です。

それより軽いK型は**低温型**、M型は**極低温型**と温度で表現してみました。ただしM型は特徴的で、赤色で軽いのにぶよぶよと大きいタイプが多いので**巨大型**ともいえます。

星になりかけのLYT型は未熟型といえます。

七福神にそれぞれキャラクターがあるように、これらの星を回る惑星に住んでいる人を七星人（あるいは七星神？）とイメージしていただくのもよいかもしれません。たとえばA型は、宇宙標準人種の「シリウス星人」、LYT型は、暗くて長寿の「根暗星人」なんて呼べるかもしれません。私たちのことは「ケンタウルス星人」と命名したくなります。

言葉が通じなくとも、7つの星を並べて描いて、重さや波長の違いなどを身振り手振りで説明すれば、きっと相手の宇宙人もあなたが何を言いたいのか、察してくれるはずです。それくらい星の分類は宇宙のどこでも通用する知識だと思います。もちろん分類のしかたなどに若干の差異はあるでしょうが、それを割り引いても、お互いの言語を教えあうよりもはるかに合理的に宇宙人と共有できるコモンセンスとなることは間違いありません。

たとえば緑色でG型の私たちの太陽なら、G型、K型、M型からなる三重連星（ケンタウルス座α）が周囲にあり、A型の星も1つある（シリウス）、という程度が、基本情報となります。

相手の「太陽」の周囲にもいろいろな型の星があるはずです。それらの情報と、立体星座カタログなどを使った位置情報を交換すれば、とりあえず十分でしょう。

それができたらようやく、次のステップで「私はそのG型太陽を公転する惑星のうち、内側から3番目にある地球から来ました」という惑星談義が始まるわけです。

つまり、ああ、あのへんのG型星を回っている惑星のどれかね、ということが伝わればよく、実際に現地にロケットで乗り込むわけでもないかぎり、惑星についての情報はさしあたりは二の次ということです。最初に、まずは恒星の情報ありきと言ったのはそういうことです。

宇宙人が生まれやすい星はどのタイプか

7つのタイプのうち、宇宙で最も標準的な星は、さきほど「標準型」という言葉で分類したように、青白のA型であると思われています。質量は太陽の質量（以下、これを太陽質量といいます）の2～3倍です。代表的なものはシリウスやベガなどで、1等星の、かなり目立つものが多い印象です。その観点でいえばわれらが太陽は、標準的な星よりも暗い部類に属しているといえます。

青白のA型から黄・緑のG型までの星の死は、大型の星の場合の超新星爆発という壮絶な死に際とは異なり、比較的、静かに生涯の幕を閉じます。そして最終的には「白色矮星」という天体に変化します。白色矮星は質量が太陽程度で、半径は太陽の100分の1程度という非常に高密度になった天体です**【偏差値】**。自分の重さで原子がつぶれ、電子だけの「縮退圧」と呼ばれる特殊な圧力で身体を支えています。「死んで骨が残る」という生物の死と、どこかリンクしている気がする天体です。色も白色で、まさに「星の骨」のようです。

ところで、さきほどは各タイプの星の寿命として、オレンジ色のK型は２００億〜１０００億、赤色のM型は１０００億〜10兆（！）と示しましたが、不思議に思われた方も多いのではないでしょうか。現在の宇宙の年齢は１３８億年といわれていますが、それよりもはるかに長いからです。星の年齢なんて、宇宙の年齢と比べるとごく短いものだろうと私たちは思ってしまいますが、じつはそうでもないということです。このM型星が燃え尽きる10兆年後が、宇宙が輝きを失うひとつの終焉といえます。宇宙の年齢もまだまだ先が長いですね。

私たちの太陽が生まれたのはおよそ46億年前で、残りの寿命はあと50億年くらいと見積もられています。トータルで約１００億年は、宇宙年齢とオーダーとしてはほぼ同じです。残り半分の寿命が尽きると、太陽は最終的に赤い巨大な星に膨れあがってから、白色矮星になります。したがって地球の生命も、どんな種でもせいぜいあと30〜40億年が限界というタイムリミットがあります。もちろん、そのころに人類が生存しているかは知るよしもありませんが。

星の色でタイプがわかると、宇宙人、つまり知的生命が存在する確率が高いのはどの星の惑星か、ということも推理できるようになります。生命が知的生命に進化するのに必要な時間と、その惑星の太陽の寿命を比較すればよいのです。

星は明るいほど早く燃え尽きるので短命という話をしました。実際、最も明るい青色のＯＢ型星や、青白のＡ型星は、燃え尽きるまでの寿命が10億年もありません。地球は生命が誕生してからざっくり38億年といわれていますが、少なくとも最初の17億年間は、ごくごく単純な構造の原核生物しか存在していませんでした。ようやくいまから21億年前に細胞膜に包まれた真核生物が出現し、それらが現在のヒトなどの基礎となる多くの多細胞生物になったといわれています。とすると、仮にＡ型星の周囲に安定な惑星があり、さまざまな条件がそろって生命が生まれたとしても、多細胞生物にまで進化するには時間が全然足りないといえます。細菌の状態で、懸命に進化しようとしている途中でゲームオーバーといったところです。

そう考えるとＯＢ型星やＡ型星では知的生命の出現はまず無理です。寿命が30億年のＦ型星でぎりぎり、というところですが、出現してすぐに星の寿命が尽きます。現実的には、明るさで上位のこの３タイプは、知的生命が出現する星の候補から外してもさしつかえないでしょう。

さらにいえば、逆に最も暗いタイプのＬＹＴ型星も、長寿という点では有力だとしても、生命をつくりだす「太陽」としては、エネルギー不足かもしれません。その周囲の惑星は、太陽と地球の距離よりはるかに太陽に近くなければ、生命をはぐくむ環境としては論外といえます。あくまで想像ですが、そういった太陽から小さいエネルギーしか受けられない環境は、極寒で、やはり単細胞生物のような単純なものしか生まれないのではないでしょうか。エネルギーが小さいと、環境変化も劇的なことが起きにくく、動物は進化しにくいでしょう。ただ、そのためにむしろ、植物の進化が進む可能性があったら面白いとは思います。幸い「太陽」は長寿なので、惑星も長寿となり、やたら長寿の植物が進化を遂げて繁栄していたら……マーベルの映画『ガーディアンズ・オブ・ギャラクシー』に登場する木の宇宙人グルートが思い浮かびます。彼は仲間に何を聞かれても「ボクはグルート」としか答えられません。植物が知的進化してもせいぜいこの程度だろう、という人間の「上から目線」の設定に、私はなんだか切なくなるのですが。

こう考えてみると、宇宙人が存在しうる太陽のタイプは、G型、K型、M型のせいぜい3種、ということがいえるのかもしれません。ただし、これはあくまで「太陽」が1つと限ったときの話です。あとで述べるように連星、すなわち複数の太陽を考えると、ことはそう単純ではない気がします。

ところで、あなたの答え方がどうも自信なさそうだったので、友人は立体星座カタログと恒星スペクトル分類表を調べはじめました。そして、にっこりと笑ってこう言いました。

「ライオンのうんちは、緑色じゃないですか！」

あなたの顔は、真っ赤になってしまいました。

第2章 あなたは何でできていますか？

すっかり意気投合した二人の、カフェでの会話が続いています。とはいえ、あなたはまだ何を話したものか頭がまとまらず、ほとんどは彼の質問に答えているだけですが……。次に彼は、こんなことを聞いてきました。

「ところで、あなたは何でできていますか？」

またしても、思いもよらなかった質問です。まさにハトが豆鉄砲を食ったような顔になって、あなたは考え込みます。いったい、どう答えればよいのでしょうか。

肉と骨でできている？　いや、そんなことを聞かれているのではない気がします。だったら、タンパク質や脂肪や炭水化物とか？　これもピンときません。だいたい、これらは宇宙共通のものかどうか怪しいので、答えとして不適切な気がします（そう気づいたあなたは宇宙偏差値が上がっています）。

たぶん、もっと基本的で、もっと普遍的な何かを答えるべきだろうとは思うのですが、それが何なのかが思いつきません。あなたは何かヒントでもないかと思って、バッグにしのばせていた『ブルーバックス科学手帳』を取り出し、「資料編」のページを繰りはじめました。

彼はその様子をにこにこしながら見ていましたが、あなたがあるページを開くと、急になにごとかを叫び、興奮した様子でそこに載っている図を指さしてきたのです。びっくりして見ると、その図には「原子の電子配置」というタイトルがつけられていて、大きな1つの同心円と、18個の整然と並んだ小さな同心円が描かれていました（図2‐1）。そして彼は、あなたの肩に手を置き、ぽかんとするあなたを見ながら、こう言ったのです。

「なんだ、知ってるじゃないですか」

原子ができるまで

なぜ、彼はそれほど興奮したのでしょうか。図2‐1に示されているのは、いわば「原子」の構造です。まずは、この図の意味から読みとる必要がありそうです。

みなさんは小学校の理科の授業で、物質の最小単位は原子であると習った記憶があるかもしれませんが、原子はまだまだ分解することができます。

上の図の、大きな同心円を見てください。中心に「原子核」があり、その周囲を「電子」が回っています。電子が回る軌道は3つあり、内側からK殻、L殻、M殻という名前がついています。それぞれの軌道に記されている数字（2、8、18）は、その軌道に入ることができる電子の数です。原子はこのように、原子核と、その周囲を回る電子に分けることができるのです。

次に、下の図を見てください。18個の原子が整列して並んでいます。軌道の数が1本のもの、

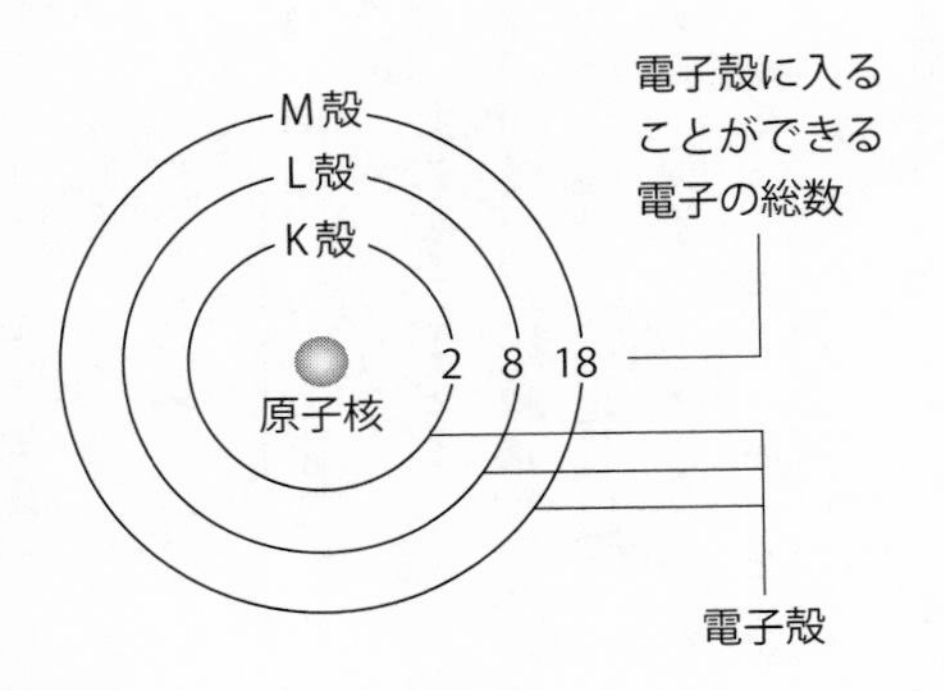

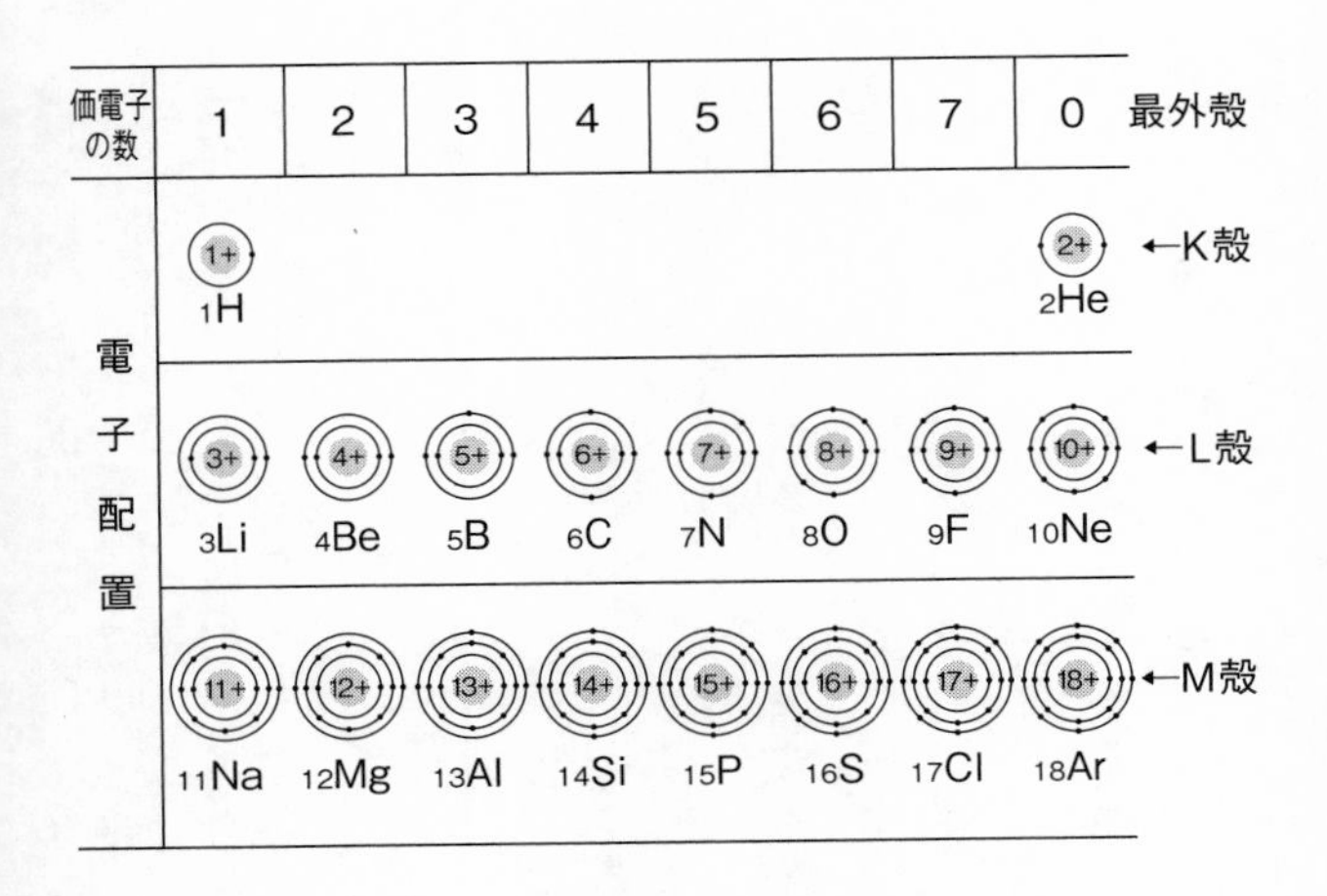

図2-1　原子の電子配置図

2本のもの、3本のもので区別されていて、それぞれの軌道を回る電子も描き込まれています。また、それぞれの原子名には、1から18までの数字が記されています。H（水素）には1、He（ヘリウム）には2、Li（リチウム）には3……という具合です。この数は、その原子の軌道にある電子の数と同数になっています。

では、彼はなぜ、これらの図を見て興奮したのでしょうか？

現在のところ、地球の素粒子物理学では、物質の究極の最小単位は電子とクォークであると考えられています。「現在のところ」と言ったのは、いずれ、クォークよりさらに小さな素粒子が見つかるかもしれないからです。そこは偏差値の高い宇宙人にぜひ聞いてみたいものです。

それはともかく、クォークには全部で6つの種類があることがわかっているのですが、この世界の90％以上を構成する通常の物質は、アップとダウンという2種類のクォークからできていると考えられています。これを男女のカップルに見立てると、このカップルは子どもを1人つくって3人家族になろうとします。このとき両親＋息子という組み合わせなら「陽子」になり、両親＋娘という組み合わせなら「中性子」になる、と思ってください。

陽子一家と中性子一家はどちらもクォーク3個どうしなので、質量などは非常に似通っていますが、一つ大きく違うのは「電荷」と呼ばれる電気的な性質です。陽子はプラスの電荷をもっていますが、中性子は文字どおり、電荷がなく電気的に中性です。

ところで、究極の素粒子にはクォークのほかに電子があります。そして電子は、陽子とは反対にマイナスの電荷をもっています。したがって電子はしばしば陽子に引き寄せられ、陽子の周囲をぐるぐる回ることになります。こうして原子ができるのです。

1個の陽子が原子核となって、その周囲を1個の電子が回っているのが、最も単純な原子である水素原子です。しかし、原子には「大きくなりたい」という持って生まれた性質があるようで、陽子1個の原子は、次には陽子2個の原子になろうとします。それには電気的バランスをとるために電子も2個必要です。ところが、陽子2個と電子2個の組み合わせになると、安定が悪くなります。そこで登場するのが中性子です。電気的には何も変えない中性子が適当な数だけ陽子とくっついて原子核をつくると、原子は安定するのです。こうして陽子2+中性子2+電子2でできるのが、ヘリウム原子です。

中性子のおかげで陽子はさらに3個、4個……とくっつくことができ、同じ数の電子も引き寄せられて、リチウム、ベリリウム（Be）……と、どんどん大きな原子がつくられるようになりました。原子がもつ陽子の数を、その原子の「原子番号」といいます。図2-1の下図で、原子名に添えられている数字です。さきほどは、これは電子の数と同じと言いましたが、本来は陽子の数なのです。少し長くなりましたが、これが原子のでき方です。

ここで重要なのは、原子番号は1から始まって2、3、4……と、きちんと順番に一つずつ、数が増えているということです。3の次が5に飛んだりすることはありません【偏差値】。それは、宇宙で最初に水素ができ、次にヘリウムができ、リチウムができ……と陽子が1個ずつ増えて、新しい「元素」ができていった歴史に対応しているのです。なお、いま元素という言葉を使いましたが、原子と元素はほぼ同じ意味と考えてさしつかえありません。陽子1＋電子1の原子は、水素という元素である、といったニュアンスです。

宇宙で元素がつくられるまで

地球では雑草であろうとヒトであろうと、ビルであろうと飛行機であろうと、「もの」と呼ばれるものは分解していけば、すべて元素の組み合わせに過ぎないことはご存じと思います。生物と無生物の違いなどを気にしなければ、みんな「兄弟」のようなものともいえます。しかし宇宙に目を向けると、「兄弟」というのはただの比喩以上に、もっともな言い方である気がします。すべての元素は宇宙で生成され、それらが集まったり組み合わせを変えたりすることで、見た目はまったく異なるすべてのものが形成されるのです【偏差値】。元素が生成される過程にさかのぼると、いまは宇宙のはるか遠くに離れている宇宙人の身体も、その惑星も、私たちの身体と変わらなくなってしまうということです。

ではここで、宇宙で元素がつくられてきた過程を、ごくおおざっぱに、ビデオを早回しして見るようなイメージで振り返ってみます。

宇宙がどのようにして始まったかは、このあとでまた重要なテーマになりますが、ここでは、みなさんにもおなじみのビッグバンから始まったことにして、話を進めます。始まったばかりの宇宙は、超高温のカオス状態でした。それからの約3分間で、クォークが現れ、3人家族を構成して、元素の材料となる陽子や中性子がつくられていきました。3分後、宇宙の温度が下がり、また、陽子と中性子の数が安定してきたときに、宇宙で最初の元素合成が始まります。このようなビッグバンの直後に起こった元素合成を「ビッグバン元素合成」といいます**〔偏差値〕**。

ときどき、元素合成は宇宙最初の3分間で起こったとして、神様がつくったカップラーメンにたとえられることがありますが、正確には3分後から20分後までの約17分間といわれており、パスタをゆでる時間に近いイメージです。

ビッグバン開始直後は陽子と中性子は同数でしたが、中性子にはすぐに崩壊してしまうという性質があり、最終的には陽子と中性子の比率は7：1に落ち着きます。この比率がカギとなり、ビッグバン元素合成後の元素の最終的な比率が決まりました。元素合成の期間が15分程度しか続かないのも、中性子の崩壊する時間が短いことに関係しています。

現在の宇宙に比べれば無にもひとしい大きさの初期宇宙から、無にもひとしいほどの時間で、原子番号1番の水素と、原子番号2番のヘリウムが一気につくられました。ヘリウムは陽子2個と中性子2個からできるので、できる量は陽子より少ない中性子の量で決まります。計算すると、最初の元素全体のなかで水素とヘリウムの質量比は3：1であることがわかります。

このあと見ていくように、ビッグバン元素合成のあとも元素はつくられます。水素とヘリウムの量も変化しますが、基本的にはこのときの比率が圧倒的であり、そのまま保たれていくのです。

ビッグバン元素合成では、最終的に原子番号1番の水素から、原子番号5番のホウ素（B）までがつくられました。それから1億5000万年ほどの時間がたつと、それらの元素の一部が集まって巨大化し、恒星がつくられます。これらの恒星の内部でも、元素の合成が始まります。これが「恒星内元素合成」です**【偏差値】**。星は水素を燃料としてヘリウムを合成し、さらに巨大となります。すると、自分自身の重力によって内部が圧縮されて、3つのヘリウムから原子番号6番の炭素（C）が合成されます。地球の科学者はこの炭素が合成されるしくみをなかなか解明できず、苦労しました。そして、炭素がさらに燃焼して、より原子番号の大きい（これを「重い」といいます）元素が、次々と連鎖的に生成されていったのです。

炭素より重い元素ができる反応が起こるためには、太陽の大きさでは不十分で、太陽の3倍以上の質量が必要であるといわれています。星のタイプでいえば、OB型以上の「重量型」です。こうして恒星でできる元素は、じつは原子番号26番の鉄（Fe）までです。ラグビーなどで、密集して力を一つにまとめるときに「鉄のスクラム」といいますが、まさに鉄は星の最も中心で形成される、最強に固く安定した元素です。これ以上に重い元素は、恒星内元素合成でつくることはできません。

しかし、原子番号が鉄よりも大きい元素はたくさんあります。それらはどこでできるのかというと、じつは鉄までの元素をつくった星が死ぬことでつくられるのです。つまり恒星がその寿命を終えて「超新星爆発」を起こして死ぬ、その過程で合成されます。これを「超新星元素合成」といいます**【偏差値】**。

なんとなく豪華な感じのする名前ですが、実際このとき、いわゆる貴金属とされる銀（Ag）、金（Au）、白金（Pt）なども形成され、最終的に92番のウラン（U）までがつくられます。原子力エネルギーで利用される元素ですね。星の死に際の爆風の中で、新たな元素が生みだされ、宇宙空間へまき散らされて、それが新たな星や、惑星や、ひいては生命の原料となり、私たちを含めたすべての宇宙人をつくっているわけです。そう考えると、星は元素を介して、ある意味で「遺伝」を行っているようにも思えます。

ウランより重い元素については、基本的には自然界に存在しないと考えられています。しかし、陽子や中性子の組み合わせで理論的には存在が予言されていて、実際に地球では人工的につくりだされています。有名なものには原子番号94番のプルトニウム（Pu）があり、現在は118番のオガネソン（Og）までが発見されています。

周期表は宇宙共通の「教養」

以上のような元素合成のストーリーを、1枚の紙に表したものが、みなさんも学校の化学の授業で見たことがあるはずの「周期表」です【偏差値】。陽子の数、つまり原子番号が1の元素から順に、一定のルールに沿って並べたものです（表2－1）。この表を縦に見ると、化学的性質が非常によく似たグループになっていて、たとえば原子番号6番の炭素と、その下の14番のケイ素（Si）は、よく似た化学的性質をもっています。

SF映画では、「ある惑星で発見された未知の金属」という表現が出てくることがあります。こんな金属は地球上で見たことがない、いったい何でできているのか？　と科学者たちが頭を悩ませる、といった設定です。たしかに宇宙は未知なるものであふれていますが、しかし、どんな金属も元素レベルに分解すれば、必ず周期表に載っている元素の組み合わせに帰着します。地球では原子番号119番の元素は未発見ですが、それはまだつくることができていないだけで、未知ではありません。そして、これが重要なのですが、117番と118番の間に、予想もしなかった117・5番のようなものは存在しないのです。

文明をもった宇宙人が化学をきわめていけば、必ずこの周期表にいきつくと考えられます。もちろん名前や、発見されている元素の数は違っても、その元素が何をさしているかは同じであ

表2-1　周期表

1	2	3	4	5	6	7	8	9	10	11	12	13	14	15	16	17	18
1H 水素																	2He ヘリウム
3Li リチウム	4Be ベリリウム											5B ホウ素	6C 炭素	7N 窒素	8O 酸素	9F フッ素	10Ne ネオン
11Na ナトリウム	12Mg マグネシウム											13Al アルミニウム	14Si ケイ素	15P リン	16S 硫黄	17Cl 塩素	18Ar アルゴン
19K カリウム	20Ca カルシウム	21Sc スカンジウム	22Ti チタン	23V バナジウム	24Cr クロム	25Mn マンガン	26Fe 鉄	27Co コバルト	28Ni ニッケル	29Cu 銅	30Zn 亜鉛	31Ga ガリウム	32Ge ゲルマニウム	33As ヒ素	34Se セレン	35Br 臭素	36Kr クリプトン
37Rb ルビジウム	38Sr ストロンチウム	39Y イットリウム	40Zr ジルコニウム	41Nb ニオブ	42Mo モリブデン	43Tc テクネチウム	44Ru ルテニウム	45Rh ロジウム	46Pd パラジウム	47Ag 銀	48Cd カドミウム	49In インジウム	50Sn スズ	51Sb アンチモン	52Te テルル	53I ヨウ素	54Xe キセノン
55Cs セシウム	56Ba バリウム	57~71 ランタノイド	72Hf ハフニウム	73Ta タンタル	74W タングステン	75Re レニウム	76Os オスミウム	77Ir イリジウム	78Pt 白金	79Au 金	80Hg 水銀	81Tl タリウム	82Pb 鉛	83Bi ビスマス	84Po ポロニウム	85At アスタチン	86Rn ラドン
87Fr フランシウム	88Ra ラジウム	89~103 アクチノイド	104Rf ラザホージウム	105Db ドブニウム	106Sg シーボーギウム	107Bh ボーリウム	108Hs ハッシウム	109Mt マイトネリウム	110Ds ダームスタチウム	111Rg レントゲニウム	112Cn コペルニシウム	113Nh ニホニウム	114Fl フレロビウム	115Mc モスコビウム	116Lv リバモリウム	117Ts テネシン	118Og オカネソン
		57~71 ランタノイド	57La ランタン	58Ce セリウム	59Pr プラセオジム	60Nd ネオジム	61Pm プロメチウム	62Sm サマリウム	63Eu ユウロビウム	64Gd カドリニウム	65Tb テルビウム	66Dy ジスプロシウム	67Ho ホルミウム	68Er エルビウム	69Tm ツリウム	70Yb イッテルビウム	71Lu ルテチウム
		89~103 アクチノイド	89Ac アクチニウム	90Th トリウム	91Pa プロトアクチニウム	92U ウラン	93Np ネプツニウム	94Pu プルトニウム	95Am アメリシウム	96Cm キュリウム	97Bk バークリウム	98Cf カリホルニウム	99Es アインスタイニウム	100Fm フェルミウム	101Md メンデレビウム	102No ノーベリウム	103Lr ローレンシウム

り、並べ方もこうなっているはずです。周期表こそは宇宙人共通の「教養」ともいえるのです。ノーベル賞に名を連ねることも、歴代アメリカ大統領として名を残すことも、周期表に名を刻まれることの名誉に比べれば取るに足りないと、宇宙人の一人として私は思います。ちなみに地球で元素名となった科学者には、アルベルト・アインシュタイン（99番のアインスタイニウム：Es）や、ピエール・キュリーとマリー・キュリーの夫妻（96番のキュリウム：Cm）らがいます。残念ながら、日本人はおろかアジア人の名前もありませんが、２０１６年に初めてアジア発の元素名が認められ、１１３番の「ニホニウム：Nh」となったのは記憶に新しいところです。

カフェで彼が興奮したのも、この宇宙の共通知識である周期表について、あなたが知っていることがわかったからです。実際には周期表そのものではなく、図２‐１の「原子の電子配置」でしたが、この図を見れば、書いてある言葉はわからなくても、「ああ、周期表のことだな」と察しがついたというわけです。

学校の理科では、とくに化学が苦手な人は多いようです。じつは私もそんなに好きな科目ではありませんでしたが、周期表が宇宙共通の知識であることを知ったいまは、宇宙標準の教養を身につけるには、化学こそなにより必須な科目かもしれないと見直しています。

周期表は「宇宙のロゼッタストーン」

ところで、周期表がこのように宇宙で普遍的であるということは、化学的な意味にとどまらない価値をもっています。元素によって、絶対的なものの順序が表現できるからです。たとえば、地球でいうところの原子番号1番の水素は、どの宇宙人にとっても「1番」です。したがって、図2-1の水素の図は、宇宙共通の「1」を表す数字と考えることができるわけです。この方法なら、お互いの言語の数字を対応させていくことができ、10進法の場合、原子番号9番のフッ素（F）までを使えば1から9までの数字を表せます（ゼロは別として、ですが）。

さらに数字にかぎらず、言語として英語のアルファベットのような表音文字を使っている宇宙人となら、その文字の順序に数字を対応させていけば、言葉のやりとりをすることもできそうです。たとえばアルファベットなら、水素をA、ヘリウムをB、リチウムをC……と対応させることで、26番の鉄まででZまでのすべてを表すことができます。「SUN」という文字の並びは、原子番号では19番、21番、14番に対応するので、カリウム（K）、スカンジウム（Sc）、ケイ素の電子配置図を見せて、この文字列が「太陽」を意味していることを伝えるという要領です。日本語でも五十音を対応させれば同じようにできますが、アルファベットは偶然にも、恒星内元素合成でできる最終形態の鉄までに対応しているところが、特別感があってうれしい印象です。

そういう意味では、周期表は「宇宙のロゼッタストーン」であるということもできるでしょう。１７９９年にエジプトのロゼッタで発見された「ロゼッタストーン」と呼ばれる石板には、当時、解読が困難だった古代エジプト語の同じ文章が、神聖文字、民衆文字、そしてギリシャ文字の３通りで書かれていました。この発見のおかげで、エジプト文字の翻訳作業が飛躍的に進んだのです。周期表というと、「スイヘーリーベ」という語呂合わせで暗記した苦痛が思い出されますが、宇宙共通言語になるかもしれないと思えば、見方も変わるのではないでしょうか。

ところで、こう考えてみると、数字とアルファベットのような表音文字を最初から対応させた言語であれば、合理的でなにかと便利なのではという気もしてきますが、意外に見かけないようです。数少ない例としては、ヘブライ語があげられるでしょう。22字で構成されているヘブライ文字は、アレフ、ベイト、ギメル……が１、２、３という数の意味も同時にもっています。周期表が宇宙のロゼッタストーンとして利用価値があることを早々に知っていた宇宙人ならば、表音文字と数字を対応させた人工的な言語を開発しているかもしれません。

お別れの前に

では、そろそろ冒頭の質問に戻りましょう。

あなたは何でできているかを、彼が期待しているとおりに元素で答えるにはどう言えばよいでしょうか。地球に住んでいるヒトの場合は、酸素、炭素、水素、窒素の4つを答えられれば十分でしょう【偏差値】。ブルーバックスの愛読者であれば、そんなに難しくはないはずです。

しかし、ここであなたはまごついてしまいます。当然その4つも浮かんではいたのですが、血液をつくる鉄も多そうだよなとか、リンも大事だって何かに書いてあったなとか、よけいなことが頭を駆けめぐって、声が出てきません。恥をかきたくないと思うと、こうなりますよね。

そんなあなたを微笑みながら見ていた彼は、やおらテーブルの上の紙ナプキンを1枚抜き取って、ペンを手にしてなにやら描きはじめました。見ているとそれは、2つの円でできた同心円と、3つの円でできた同心円。そのあと彼は、それぞれの円の規則的な位置に黒丸を打っていきました。どうやら電子配置図のようです。

彼はペンを置くと、あなたの顔を見ながら2つの図を交互に指さし、こう尋ねてきました。

「どちらですか?」

「ちょっと待って」。ついあなたは日本語を口走りながら、黒丸で示された電子の位置を図2-1の電子配置図と見比べて、どの元素のものかを確認します。一つは炭素の、もう一つはケイ素の電子配置図であることがわかりました。いま、あなたはようやく、彼の質問の意図を理解できた気がしました。炭素とケイ素は、周期表では縦の同じラインにあり、そういう元素どうしは前にお話ししたように化学的性質が似ています。そしてあなたは以前に何かの科学記事で、炭素とケイ素は置き換えが可能で、宇宙のどこかには、地球生物が身体をつくるのに炭素を使っているように、ケイ素を使っている生物がいるかもしれないと書かれていたのを思い出したのです。

おそらく彼は、私が炭素系か、ケイ素系かを知りたくて、何でできているのかと尋ねてきたのだろう——そう考えたあなたは炭素の電子配置図のほうを指さしました。彼はにこっと笑って言いました。

「私もそうです」

そのあと彼は残念そうに、そろそろ仕事のために持ち場に戻らなくてはならないと伝えてきました。あなたもとても残念でしたが、しかたがありません。表情や動作などすべてを使って、心からの感謝の意を彼に伝えました。すると、彼は紙ナプキンをもう2枚、抜き取って、1枚をあなたに差し出してから、ゆっくりとこのようなことを言ってきたのです。

「きょうは私たちは、翻訳機を通してのやりとりしかできませんでした。しかし、やがてはお互いの惑星の言葉を覚え、文字を覚えるときがくるかもしれません。そのときの楽しみのために、あなたが、あなたの惑星で最も大切だと思う言葉を書いてください」

そして、自分も周期表を取り出すと、それぞれの元素の横になにやら書きつけて、「これは数」「これは文字」などと説明してくれたあと、紙ナプキンにまた同心円を描きはじめました。どうやら彼の惑星では実際に電子配置図が共通言語として使われているようです。

彼の説明を聞いて方法を呑み込んだあなたも、まず地球で最もポピュラーな言語である英語のアルファベットをすべて書き出して、それぞれの文字に1から26までの番号を割り振りました。そして、何を書いたらよいか、しばし考えました。

考えているうちに自然と、きょうのここまでのことが思い出されてきました。地球では一時期までは、地球外で知的生命と遭遇するのは不可能だろうと考えられていました。地球人は宇宙で孤独だと思われていたのです。それが嘘のように、いま自分には宇宙人の友だちができた。そして心やさしい彼のおかげで、立体星座カタログと星のスペクトル分類図と元素の電子配置図があれば（宇宙版「三種の神器」かも？）意思疎通ができる〔偏差値〕ことを教えられて、こんなにも幸せな時間を過ごすことができている――。

そう考えると、思い浮かんだ言葉がありました。あなたは辞書を引くように周期表を参照しながら、その文字がどの元素に対応するかを調べ、その元素の電子配置を同心円に黒丸で打っていきました。そのようにして、あなたが文字のかわりに電子配置図を書いた元素は、順に次のとおりでした。

マグネシウム（Mg）、リン（P）、チタン（Ti）、ホウ素（B）

あなたは書き終えると、彼から紙ナプキンを受け取り、自分が書いたものを彼に手渡しました。もしもいつか本当に彼に解読される日がきたら、ちょっと恥ずかしいな、と思いながら。

第3章
あなたたちの太陽はいくつですか？

「それはいい人に会えて、ラッキーでしたね」

ここは惑星際宇宙ステーションのゲストルームにある地球ブース。ペガスス座からの来訪者と友人になるまでのあなたの「冒険談」を聞いて、ポーキング博士は目を見開きました。わずか3歳で量子重力理論についての画期的なアイデアを発表して、「ベビーカーに乗った天才」とうたわれたポーキング博士は、それから10年後の現在までに、理論物理学者として「ノーベル賞3回分」ともいわれる功績をあげています。

「しかし電子配置図を文字として使うという発想はなかったなあ。宇宙人としてのキャリアの差を感じてしまいますね。私もお会いしてみたい」

いやいや、地球人としてのキャリアもそんなにないでしょ、とツッコミを入れたくもなりますが、きちんと三つ揃いのスーツを着込んだ博士は老成した雰囲気さえ漂わせています。あなたは恐縮しながら言いました。

「すみません、うっかりしていて名前も聞きそびれまして……」

「しかたありませんよ。ご縁があれば、また会えるでしょう。ところで」

博士はそう言って、澄んだ瞳をあなたに向けてきました。

「きょう、午後から私は惑星際シンポジウムで講演をすることになっているのですが、よかったらあなたもいらっしゃいませんか。もしかしたら、その人も来るかもしれませんよ」

奇妙なカレンダー

シンポジウムに参加することを博士に約束したあなたは、それまでどう過ごそうか、考えをめぐらせました。ステーション滞在中に一度は行きたいところは、お土産を売っているショップです。なにしろ家族や職場の仲間や友人からだけでなく、ふだんは没交渉の知人からもお土産を頼まれていて、それを考えると憂鬱になるほどです。よし、この時間にすませてしまおう。あなたはステーション最大のショップを地図で探して、行ってみることにしました。最初にカフェに入ったときに比べると、われながらずいぶん度胸がついたものだと思います。

そのショップは、日本の家電と洋服とインテリア雑貨の大型量販店を足し合わせて3倍にしたほどの規模がありました。喧噪（けんそう）ぶりはカフェの比ではなく、いったい何に使うのか見当もつかない商品に、さまざまな姿かたちの人々が群がっています。これじゃ何を選んでいいか、わからないな……と思ったとき、あなたはひらめきました。そうだ、カレンダーにしよう。いっぺんにたくさん買えて、さほどかさばらず、そこそこ見栄えがする、カレンダーがいい！

館内案内図は複雑きわまりないので、店員に何度も翻訳機で尋ねながら、あなたはようやく、カレンダー売り場にたどりつきました。ここもかなりの品揃えです。さて、どれにしようかと手に取って、めくってみたりしているうちにあなたは、どうもいろいろと、おかしなカレンダーが

7

SUN	MON	TUE	WED	THU	FRI	SAT
27	28	29	30	1	2	3
4	5	6	7	8	9	10
11	12	13	14	15	16 16'	17 17'
18 18'	19 19'	20 20'	21 21'	22 22'	23 23'	24 24'
25 25'	26 26'	27 27'	28 28'	29 29'	30 30'	31 31'

図3-1　日付がダブっている奇妙なカレンダー
地球人向けの仕様にしたもの

多いことに気づきました。とくに目につくのは、日付を表す数字（らしき文字）が、月の半分だけ、２つダブって書かれているものです。見ていると目がちかちかして、頭もくらくらしてきます（図３‐１）。

「すいません」と、あなたは勇気を出して、店員に声をかけました。

振り向いたのは、『スター・ウォーズ』のヨーダのような顔の、いかにも偏屈そうな人でした。

「どうしてこちらのカレンダーは、こんなに変わっているものが多いんですか」

店員はじろじろとあなたを見て、こう答えました。

「うちのカレンダーが変だとでも？」

「はい、できれば普通に使えるカレンダーがほしいのですが」

「では、あなたがお使いのカレンダーを見せていただけますか」

バッグから手帳を取り出してカレンダーを見せると、店員はしばらく眺めてから、ふん、と鼻を鳴らしてこう言ったのです。

「このカレンダーが普通だと思っているあなたのほうが、よっぽど変ですね」

温厚なあなたもさすがに頭にきて、思わず言い返しました。

「それは失礼でしょう？」

すると店員は、薄笑いを浮かべながらこう聞いてきました。

「では聞きますが、あなたたちの惑星には太陽はいくつありますか？」

星の半分以上は「連星」である

地球人全体ではどうかはわかりませんが、少なくとも日本人には、「太陽が1つ」であることは普通だと思っている人が多いように私は感じています。普通とは、少なくとも50％以上の確率があることだとすれば、ある惑星が回っている恒星、つまりその惑星にとっての「太陽」が1個であることは、まったく普通ではありません。すべての恒星の少なくとも半数以上は、「連星」と呼ばれる、2個の星の組み合わせで存在しているのです
〔偏差値〕。みなさんが夜空を見上げたときには1個の粒にしか見えない星

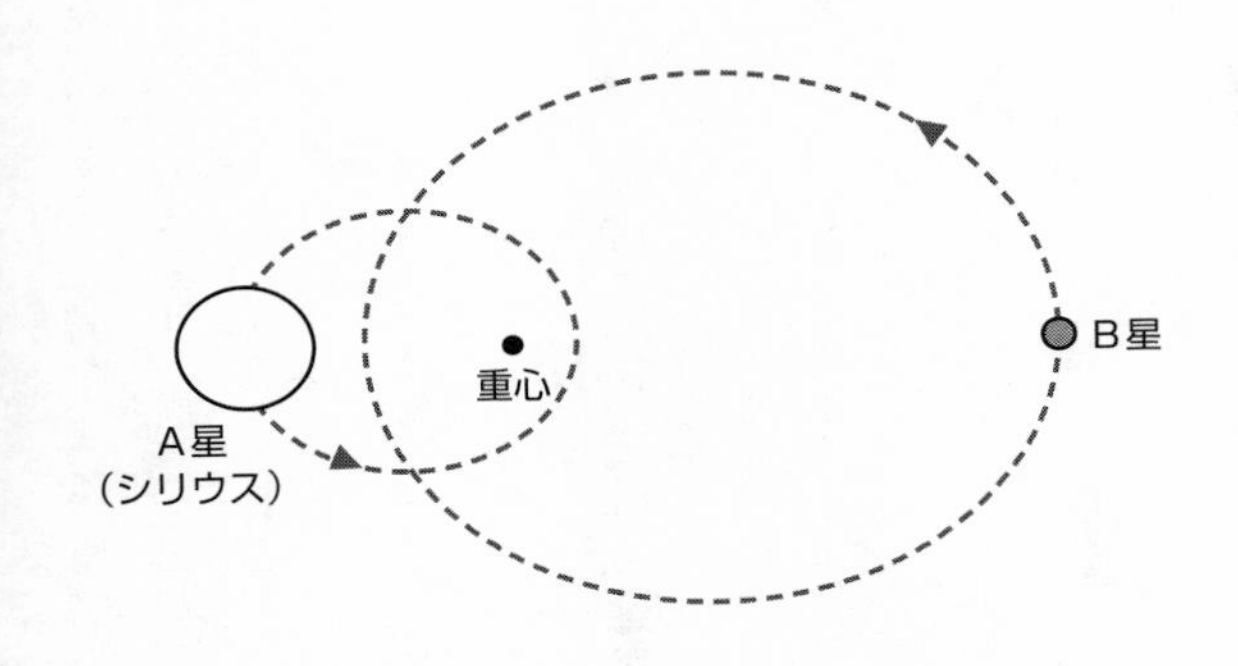

図3-2　お互いの重心を回りあうシリウスの連星
(鳴沢真也『連星からみた宇宙』講談社ブルーバックスより)

は、じつは半分以上が連星ということです。

　連星とは、基本的には、2つの星がお互いの「重心」を回っているものです(図3-2)。ペアでダンスをしているような状態、と言うと優雅なイメージですが、生涯ステップをやめられないダンスというのは無限の苦しみかもしれません。「基本的に」と言ったのは、連星には3つからなる三重連星や、それ以上の場合もあるからです。三重連星の場合は、3つが同じように回りあうということにはならず、2つの星のペアの周囲をもう1つの星が回ったり(図3-3)、2つの星のペアがもう1つの星の周囲を回ったり、ということになります。これは有名な「三体問題」にも関係していて、3つのものが連動すると安定せず、1つが弾き飛ばされたりするためです。

　2つの星のペアどうしが回りあうと四重連星、さ

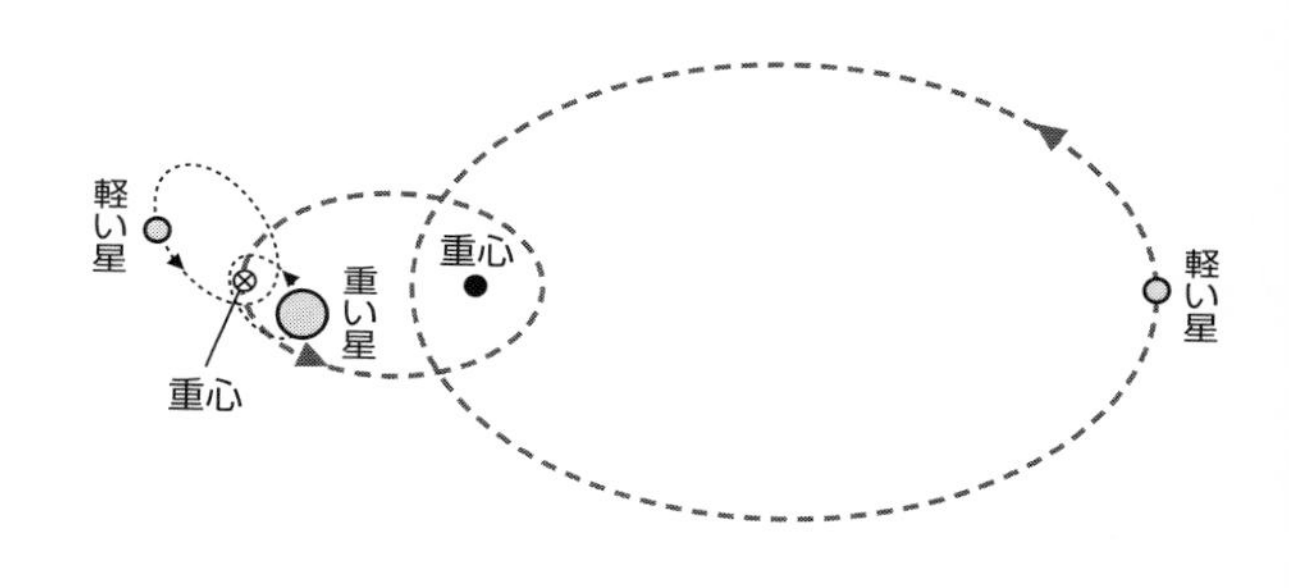

図3-3　三重連星（北極星のパターン）
2つの星のペアの周囲を1つの星が回っている（『連星からみた宇宙』より）

らにその周囲をもう1つの星が回っていれば、五重連星です。では、いったい何重連星まであるのかといえば、2021年現在、地球からさそり座方向に約500光年離れたところにある、さそり座ν（ニュー）星が、七重連星（！）であることがわかっていて、これが地球人の知るかぎり、いまのところ最高記録です。

有名どころではどんな連星があるか、例を挙げてみましょう。たとえばシリウスは、星のスペクトル分類では最も標準的なA型の代表的な1等星ですが、2つの星からなる連星です。それから、驚かれるかもしれませんが、北極星も連星です。北極星は約2万5000年ごとに代替わりしますが、現在の北極星であるポラリスは、なんと三重連星なのです。また、しし座の胸あたりに輝く1等星レグルスは、四重連星です。

スペクトル分類でＯＢ型の星は、８割が連星であるといわれています。もしもＯＢ型星を太陽にもつ宇宙人がいたら、地球人などは「えっ、太陽が１個だけ？」と引かれてしまうでしょう。太陽が１個しかないのは、宇宙では特殊な環境なのです。

ブルーバックスを愛読しているあなたは、その程度の知識はもっていました。ヨーダ似の店員に太陽の数を聞かれて、彼が何を言いたいのかもわかりました。カレンダーの多くは太陽の動きにもとづいています。奇妙なカレンダーは、太陽が連星であることに関係しているのでしょう。そう思うと、失礼なのは自分のほうだったと気づきました。あなたはこう答えました。

「私は太陽が１つしかない惑星から来ました。こちらのカレンダーを買いたいと思います。帰ったらみんなに説明したいので、なぜこういう日付になっているのかを教えていただけませんか」

ヨーダ似の店員はニッと笑うと、あなたに椅子をすすめ、話を始めました。

まさかの「ケプラーの第3法則」登場！

「まず、この式は知ってるかな」

そう言って彼が紙にこう書いたのを見て、あなたは仰天しました。

$$R^3/T^2 = M + m$$

「どうして私が地球人だとわかったんですか⁉」

「あんたを見ればすぐにわかるさ」

この人は何者なのか。どうして地球の文字を知っているのか。まさか本当にヨーダ？　いろいろ質問攻めにしたいところですが、時間も限られているので我慢して、式をにらみます。見たことがある気もしますが思い出せません。そう答えるとヨーダは、ふん、と鼻を鳴らしました。

「なんだ、こんな大事な法則も知らんのか」

またカチンときます。口が悪いよこの人。でも自分の惑星の法則について宇宙人にそう言われては、ぐうの音も出ません。ヨーダは立て板に水が流れるように、話しはじめました。

「すべての天体の運動は、あるフォースによって支配されている。地球では、それを万有引力と呼んでいる。発見したのはアイザック・ニュートンという、地球人にしては知的レベルが高かった科学者だ。彼は考えた。地上の木からリンゴが落ちるのは地球とリンゴの間に万有引力が働くからだ。同じように地球と太陽の間にも万有引力が働いているから、地球は太陽に落下しつづける。しかし地球には遠心力も働いているので、太陽に落ちずに周囲を回転している」

どうして地球の科学史にまで精通しているんだ？　あっけにとられながらも、あなたはいつしかメモをとりはじめています。

「ところが、ニュートンより前に、宇宙の惑星の運動について同じことを考えた天文学者がいた。ヨハネス・ケプラーだ。彼は太陽を公転する惑星について、3つの法則を発見したが、その3つめがこの式だ。惑星の公転周期の2乗は軌道の長半径の3乗に比例するという、地球では『ケプラーの第3法則』と呼ばれているものだ**〔偏差値〕**」

ヨーダの翻訳機はものすごく高性能らしく、難しい言葉もわかりやすくクリアに聞こえます。

「この式でいえばTが公転周期、Rが軌道の長半径。Mとmはそれぞれ恒星Mと惑星mの質量。Mとmの距離がRだ。具体例を挙げたほうがよさそうだな」

ヨーダは、太陽と地球の関係を例に挙げて続けました。

「あんたの惑星で使っている単位に合わせて、Tは年、RはAU（天文単位：太陽と地球の間の平均距離を1とする）としよう。Mは太陽の質量、mは地球の質量で、単位はいずれも太陽質量（太陽の質量を1とする）だ。さて、まず左辺だが、地球は1年で太陽を公転するので$T=1$。また、軌道の長半径とは太陽と地球の距離のことなので、$R=1$。次に右辺は、Mは太陽の質量だから当然、1。また、Mはmよりも圧倒的に大きいので、mは無視できる。したがって右辺は1だ。結局、左辺も右辺も1となるので、この法則は正しいことがわかる」

そのあとヨーダは、太陽系のほかの惑星のRの値を紙に書いて、こう言いました。

「公転周期Tが何年になるか、自分で計算してごらん」

ヨーダの博識に舌を巻きながら、あなたは木星と土星で計算してみます。

木星のR（軌道の長半径）は約5AUと書いてあるので、

$R^3/T^2 = M + m$ は、

$125/T^2 = 1$ となり、

$T^2 = 125$

$T = \sqrt{125} \fallingdotseq 11$（年）となりました。

一方、土星のRは約10AUなので、$T = \sqrt{1000} \fallingdotseq 31$（年）です。

では、実際のそれぞれの公転周期はといえば、木星は約12年、土星は約30年。おお、みごとに、ほぼ一致している！　ケプラーの第3法則を初めて実際に使えて、少しいい気分です。

するとヨーダは、「はい、前置きはここまで」と言って席を立つと、なにやらカップに入った飲み物らしきものを2つ持ってきて、1つをあなたにすすめてきました。野菜が入った温かいシチューといった趣で、こわごわ飲んでみると辛いけれど意外にいけます。

身体にいいんだぞ、とヨーダは片目をつぶりました。

2つの太陽があるとどうなるか

「ここからが本題だ」

すっかり、ヨーダ先生のミニ講義のようになってきました。

「地球人のほとんどはこの法則を知らんようだが、それも太陽が1つしかないからだ。普通に太陽が2つ以上ある惑星では、この法則を知らないと一日の長さもわからない。だから多くの惑星では、知的生命はかなり早い段階でこの法則を発見するし、子どもたちも自然に覚えてしまっている。地球人が本当に知的生命といえるのか、怪しいところだな」

相変わらずトゲのある言い方にはむっとしますが、太陽が2つある惑星での一日はどうなるのか、あなたは興味津々になってきました。

「太陽が2つあると、まず日の出をどちらの太陽が出たときにするかで悩む。どちらかの太陽が圧倒的に大きければそっちを基準にすればいいが、同じくらいの大きさだと、そもそも区別もつけにくい。そして日の出が決まらなければ、一日の始まりも決められない」

先に地平線に上がったほうを日の出にして、最後に沈んだほうを日の入りにすればいいのではないでしょうか、とあなたが言うと、ヨーダはまた、ふん、と鼻を鳴らして言いました。

「太陽が1個しかないやつの発想だな。2つの太陽は、先に上がったほうから順に沈むとは限らない。途中で順番が入れ替わり、あとから上がったほうが先に沈むこともある。入れ替わる途中で2つが完全に重なって見分けがつかなくなることもある。その入れ替わりが日の入りまでに何回も起こることもある。そしてきょう先に上がった太陽が、明日も先に上がるとも限らない」

太陽が空を通る経路を「黄道」ということは、みなさんは中学校の理科で習っています。太陽が1個なら、黄道はもちろん1本で、南の空を中心に半円を描きます。これは地球の公転軌道がつくる軌道面が、つねに太陽の自転に平行だからです。ところが、太陽が2個ある場合はお互いが回りあう回転面と、惑星の軌道面は斜めに交わっているのが普通です。すると惑星からは2個の太陽の動きを斜めに見ることになるので、見かけの動きがとんでもなく複雑になるのです。もはや黄道はぐちゃぐちゃになってしまうでしょう。

「だから日の出だけ定義してもだめで、２つの太陽がどのような規則で動いているのかを知らなければならないのさ。そこで必要になるのが、この法則だ。ケプラーは太陽系の惑星の動きを知る法則として発見したが、これは連星にも使える。お互いが回りあっている連星は、一方が一方を公転しているとみなせるからだ。恒星どうしのおおまかな距離Rがわかれば、公転周期Tがわかり、２つの太陽の動きを予想することができる。つまりこれは、宇宙普遍の法則なのだ」

ヨーダはもう一度、ケプラーの第3法則を書いた紙を広げました。

$$R^3/T^2 = M + m$$

「さっきはMを太陽の質量とし、mを惑星の質量として無視したが、今度はそれぞれを太陽の質量と考える。mも太陽なのでMと同じ大きさとみなし、$M=m=1$とする。したがって右辺は$M+m=2$だ。また、左辺のRは、今度は2つの太陽の距離だ。なんとかそれを知ることができれば、公転周期Tを求めることができる。

試しに計算してみよう。たとえば$R=0.1$AUだと推定できたとする。AUはさっきも使った地球の『天文単位』だ（太陽と地球の平均距離：1AUは1495億9787万700m）。すると、Tは地球の『1年』の単位でいえば約0.022年＝約8日となり、2つの太陽は約8日で公転し、元の位置関係に戻ることがわかる。おおまかにいうと、2つの太陽は、5日間は横並びで、ただし距離は日ごとに縮まる。そして1日だけ重なり、次の1日は前後が入れ替わり、また1日だけ重なる（図3‐4）。このように、めちゃくちゃに見える太陽の動きが予測できるようになるから、この法則は不可欠なんだ。

さらに2つの太陽の距離を近づけて、$R=0.01$AUとしてみると、$T=$約6時間となる。2つの太陽がたった6時間周期で回りあうということだ。日の出直後は横に並んでいた太陽は、1時間半後に1つに重なり、3時間で完全に位置が入れ替わる。この変化が、日の入りまでを12時間とすれば4回も起こるわけだ。あんたには想像もつかんだろう。だが繰り返すが、宇宙ではこっちのほうがノーマルなんだ。それどころか太陽が3つある世界も、4つある世界もある」

あなたは考え込んでしまいました。地球人は文明を築いてから長い間、地動説か天動説かで争

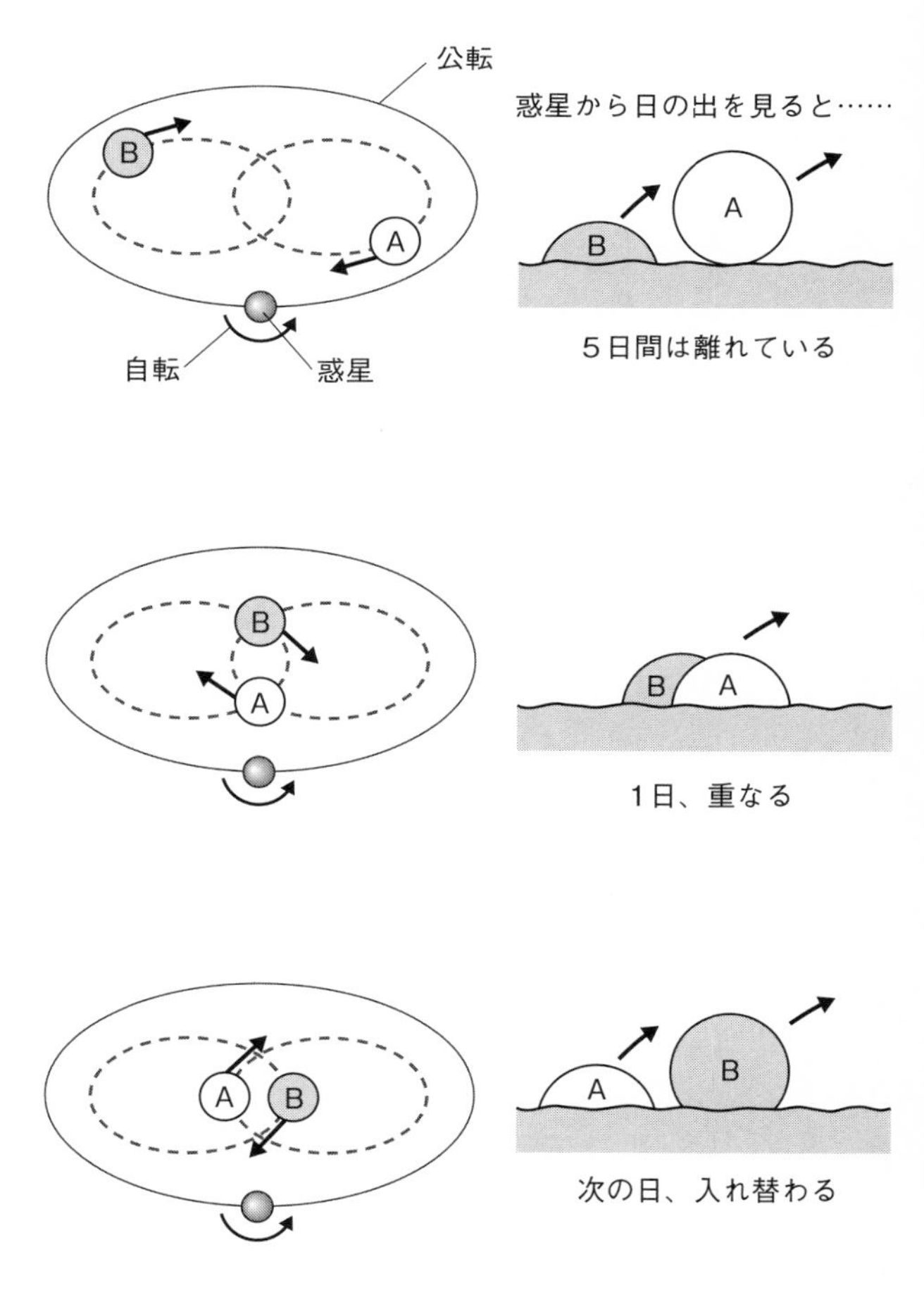

図3-4　２つの太陽の見え方の変化

ってきました。ケプラーが法則への道筋を開くまでには、師匠のティコ・ブラーエが長年、天体の運行を目視して蓄積した膨大なデータと、望遠鏡を初めて宇宙に向けたガリレオ・ガリレイによる木星の4つの衛星（ガリレオ衛星）の観測がありました。そうした長い歴史があってようやく地球人が目を向けた天体現象が、ノーマルな惑星では複数の太陽の動きとして毎日あたりまえのように起こっている。まるでケプラーの法則を見つけてくださいと言わんばかりに……。

連星の太陽をもつ人たちは、毎朝、きょう一日が何時間あるのかをチェックしているのかもしれません。地球人には信じられない面倒くささです。しかし、そのぶん天文学や数学は、地球人とは比較にならない速さで発展するでしょう。そう考えるとなんだか、地球人の文明がとても頼りないものに思えてきました。

「そうだ、カレンダーの種明かしをしなきゃいけなかったな」

ヨーダの声で、あなたはわれに返りました。

「異なる太陽」による「異なる一日」

「これは『夜がない日』という意味だ」

ヨーダは、あなたが気になっていた日付がダブっているカレンダーを広げて、紙に図を描きながら説明を始めました。

「太陽が2つある惑星では、2つの場合が考えられる。惑星が2つの太陽を回る場合なら、いつも2つの太陽がほぼ近い位置に見えるので、地球の場合とさほど変わらず、昼は昼、夜は夜のままだ。しかし、1つの太陽のまわりだけを回っている場合、もう一方の位置は複雑になり、その太陽がどの位置にあるかによって、昼や夜の様相がまったく変わってくる（図3－5）。

たとえば2つの太陽が離れているときは、昼間は太陽が1つだけの世界と変わらないが、夜にはもう1つの太陽が、地球で見る月と同じように、明るく見える（図3－5上）。あんたたちが見たこともない『夜中の太陽』だ。

その後、太陽が次第に接近してくると、もう1つの太陽も昼間に見えるようになってくる。では、最も接近したらどうなるか。一見、昼に重なって見えるだけのようにも見えるが、片方がちょうど正反対の位置にくる場合が実現する。2つの太陽の間にちょうど惑星が位置するときだ。この位置関係は、上の『夜中の太陽』と同じだけれど、今度は太陽との位置が圧倒的に近いので、夜ではなくなってしまう。日没のあと、すぐに2つめの太陽が出てくる。つまり、事実上、夜がなくなり、2つの太陽により異なる一日が繰り返されることになるのだ（図3－5下）」

話のややこしさに、あなたはついていくのに必死です。

「このカレンダー（図3－1）は、その期間を表したものだ。1つめの太陽の日付を『16日』とすれば、隣に2つめの太陽の日付を『16′日』として並べてあるわけだ」

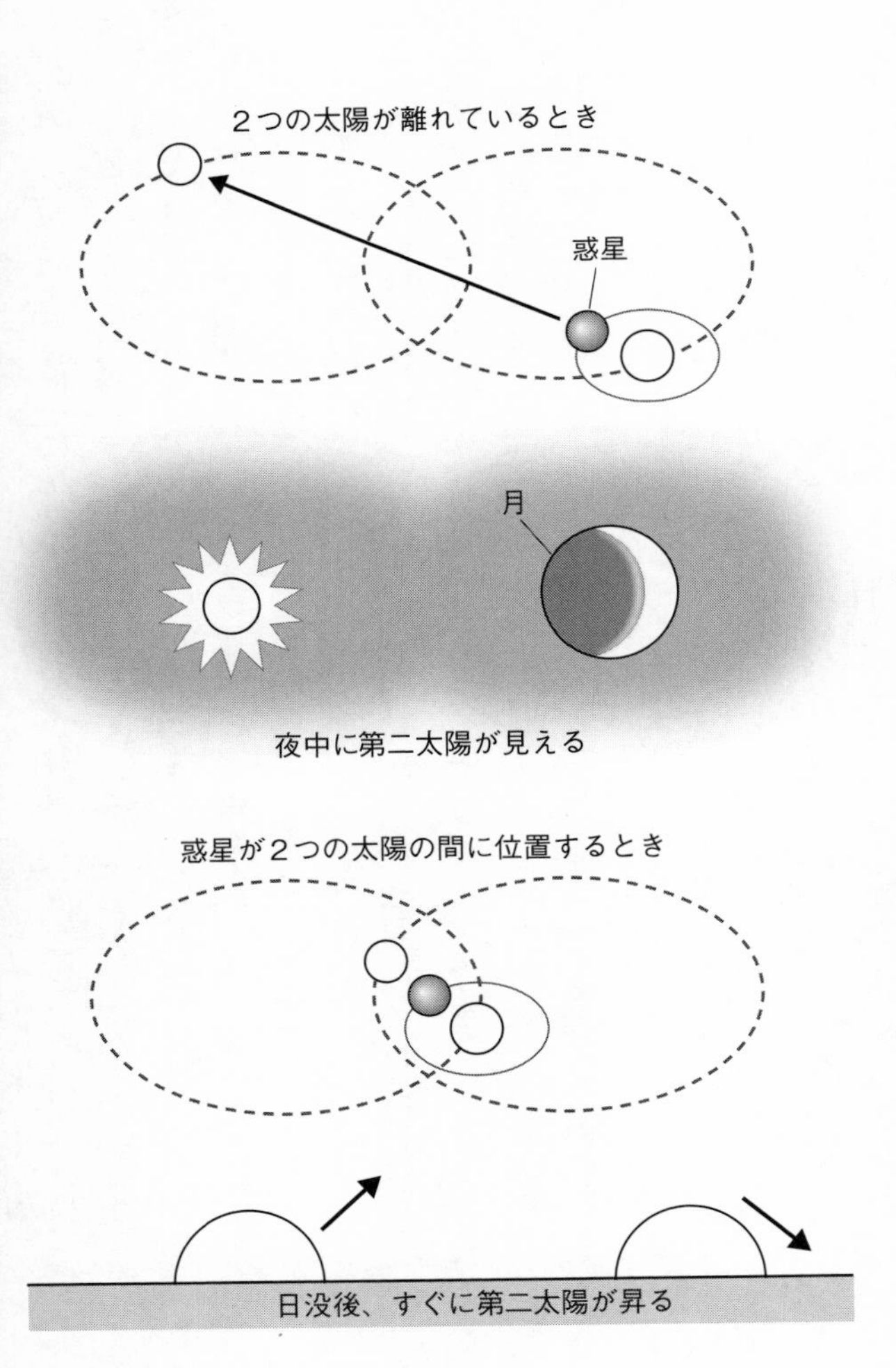

図3-5　惑星が２つの太陽のうち１つの周囲を回っている場合

これもまた、驚くべき話です。地球にも北極や南極の付近では、夜でも明るい白夜（びゃくや）はありますが、白夜の場合、太陽そのものは沈んでいるのですから話が違います。夜もずっと太陽が輝いていると、どんな影響があるのでしょうか。きっと生きものの暮らしぶりもずいぶん変わってくることでしょう。

「夜がない日がどのくらいの期間や間隔で繰り返されるかは、もちろん2つの太陽の距離によって違う。三重連星や四重連星なら、さらに複雑になってくる。それだけカレンダーも、多種多様になってくるというわけだ」

さらにヨーダは、たたみかけるように話を続けます。

「連星でなく、1つだけの太陽でも変なカレンダーはあるぞ。たとえば、ある惑星のカレンダーは、2年で1日になっている。最初の1年はずっと昼で、次の1年はずっと夜が続くんだ。スペクトル分類でK型やM型の星は低温なので、そこを回る惑星に生命や水が存在するには、太陽の近くを回る必要がある。するとお互いの自転が同期して、惑星は太陽に同じ面しか向けないようになる。地球にとっての月と同じだ。太陽が一年中沈まないので、一日が一年よりも長い暦になるんだ。地球のお隣の水星にも、もし水星人がいたらそんなカレンダーになる」

地球人と月のかかわり

あなたはなんだか、地球の単純なカレンダーが味気ないものに思えてきてしまいました。ところがヨーダは、にやにやしながら「まだ終わっとらんぞ」と言ってきたのです。

「地球の特殊さは、太陽が1つしかないことだけじゃない。地球には月も1つしかない」

ああ、たしかに。太陽系のほかの惑星がもっている衛星の数をみると、水星と金星はゼロですが、火星は2個、木星は80個、土星は83個、天王星は27個、海王星は14個（今後も観測によって増える可能性あり）と、衛星が1個しかないのは地球だけです。なんと地球は太陽系でも「変わり者」だったのです！

では、月が複数ある世界は地球とどう違うのでしょうか。ここでヨーダのおしゃべりの前に、まず地球人と月のかかわりを少し見ておきましょう。

地球人は古くから月を暦づくりに利用してきました。月の動きをもとにつくられた陰暦（太陰暦）には、太陽の動きをもとにする太陽暦よりも長い歴史があります。現在、日本は太陽暦の一種のグレゴリオ暦を採用していますが、いまでも陰暦を使用している国はたくさんあります。

暦に利用されるのは、月の「公転周期」ではなく「会合周期（かいごう）」と呼ばれるものです。公転周期は月が地球を一周する周期で、27・3日です。しかし、これは暦には使われませんでした。なぜなら月が地球を一周してもとの位置に戻ったとき、地球も太陽の周囲を公転していることによってもとの位置にはいないので、地球と月は27・3日前と同じ位置関係にならず、地球からは同じ月に見えないからです。

そこで、先に進んだ地球に月が追いつくまでの時間も加えたものが会合周期です。その周期は29・5日で、これが暦に利用されました。たとえば満月から次の満月までがこの周期となります。こうして、月を利用した暦では会合周期が暦の1ヵ月の単位となったのです。

イギリスにあるストーンヘンジ遺跡は、紀元前2800年から紀元前1100年ころに使われた祭祀場であろうと推定されていますが、当時、最先端の天文台でもあったようです。そこには大きな縦長の石が、神殿を囲む柱のようにきれいな円形に並んでいて、頭には屋根のように横に寝かせた石が置かれています（図3－6）。「サーセン石」と呼ばれるこれらの石は29個あり、さらにサイズが半分の石が1つあります。これは月の会合周期29・5日を表していると考えられています。

また、円形の中心あたりには「グレートトリリトン」と呼ばれる最大の立石があり、祭壇だったとみられています。そこから北東方向に離れた場所には「ヒール石」という石があり、この2つの石を結ぶ直線の延長上に、冬至の日、太陽が沈みます。昼の時間は冬至を境に延びてくることから、この日に死から再生へ向かうための儀式が行われたようです。

図3-6　ストーンヘンジ遺跡

さらに、サーセン石の内側には、馬蹄形に配置された巨石が並んでいて、そのさらに内側には、「ブルー石」と呼ばれる19個の小さい石が、馬蹄形に沿って並んでいます。この19という数には、２つの意味が見いだされていました。

一つは、満月や新月などが次に同じ日付にくるまでの周期「19年」という意味です。たとえば２０２１年の「１月１日」に満月なら、次は19年後の２０４０年「１月１日」に満月になるということです。これは「メトン周期」と呼ばれています。

もう一つは、「日食」の周期という意味です。日食はご存じのとおり太陽の前を月が通るために太陽が欠けて見える現象で、地球からの見かけの動きでは、太陽が通る黄道と、月が通る白道（はくどう）との交点で起こります。あるところで交点ができてから、次にどこかで交点ができるまでの期間を「食年」といいます。食年は

1年よりやや短く、３４６日です。そして、同じ場所では日食は19食年（＝６５８５日）ごとに起こっています。通常の1年に換算すれば、18・０４年ごとです。これは「サロス周期」と呼ばれています。

このように「19」という数には、２つの周期にかかわる特別な意味があるのです。古代の地球人も当然ながら、太陽だけでなく月の運行についても研究し、こうした知識をもっていました。とくに日食は、驚くべき奇跡と映り、神秘の現象とおそれられてもいたことでしょう。

月が４つある世界とは

ここでまた、ヨーダの毒舌が始まります。

「日食を珍しがって『世紀の天体ショー』などと騒いでいるのは、太陽と月が1つずつしかない惑星に住んでいる連中だけだ。太陽が２つあったら、あるいは月が２つあったら、日食や月食が起こる確率は格段に高まる。驚くことでもなんでもない」

悪口ばかり言っているわりには、ヨーダは地球人の動向をかなりウォッチしているように思えます。あなたはつい笑ってしまいますが、ヨーダは続けます。

「月がいくつもあると、そんなことで騒いでる暇はなくなるぞ。たとえば、またあんたにサービスして太陽系の、木星の『月』を見てみよう」

ヨーダが例に挙げたのは、木星の70個以上ある衛星でも特別に大きい、4つのガリレオ衛星でした。ガリレオが望遠鏡で木星を観測して発見した衛星で、木星に近い位置から順に、イオ、エウロパ、ガニメデ、カリストと呼ばれています。

「4つも月があるとどういうことが起こるか。まずはそれぞれが木星を回る公転周期を見ると、イオ：エウロパ：ガニメデ：カリストの順に、1.76：3.55：7.16：16.67（単位は日）という比になり、これは≒1：2：4：9.48と整理できる。最も遠いカリスト以外は規則的な比率だ。それは、これら3つの月には『軌道共鳴』と呼ばれる現象が起こっているからだ。なぜそうなるかは周期が同期するためと考えられているが、まだよくわかっていない。ともかく、複数の衛星があると、こうした軌道共鳴が起こると考えられる」

あなたは素朴な思いつきを口にしました。

「こんなに規則的なら、カリストを除く3つの月が、同時に満月になることもありそうですね」

想像するだけで楽しくなる光景です。しかし、ヨーダはこう答えました。

「そう思いたいだろうが、決してそうはならんのだ。複数の月が会合するのは2つまでで、3つが会合することは絶対にない。それぞれの周期は整数比で固定されていて、何周しても位置関係は変わらないから、3つの満月が同時に空に浮かぶこともない」

そうなんですか、ちょっと残念。

1									
	1	4	8	11	15	18	22	25	29 (=2/1)
イオ	●	○	●	○	●	○	●	○	●
エウロパ	●	◐	○	◑	●	◐	○	◑	●
ガニメデ	◑	◑	●	◐	◐	◐	○	◑	◑

図3-7　木星の３つの月のカレンダー
月は●新月→◐上弦の月→○満月→◑下弦の月→●新月というサイクルを繰り返す

「では、もしも木星の月をもとにカレンダーをつくるとしたらどうなるか。まだ木星からの注文はないので商品化はしていないが、だいたいこういうイメージだ（図３‐７）」

この人は要するに、宇宙のあちこちの惑星のカレンダーを頼まれもせず勝手につくっている、カレンダーおたくなんだなとあなたは納得しました。ヨーダは仮想「木星カレンダー」を、地球人にも１ヵ月のイメージがしやすいよう、周期比をイオ：エウロパ：ガニメデ＝７：14：28（単位は日）として、最長周期のガニメデの１周期が１ヵ月となるように調整してくれました。これを指さしながら、ヨーダは得々と説明を始めます。

「まず、イオとエウロパは14日ごとにそろって新月になっているのがわかるよな。１日、15日、29日＝２月１日……という具合だ。そして一度、新

図3-8　3つの満月の間で起こる食のイメージ

月―新月でそろってしまうと、2つが満月―満月でそろうことはない。軌道共鳴という厳格なしくみがあるために、どこかで狂うということはないんだ。追いかけても決して追いつけない、永遠に結ばれない恋人どうしのようなものだ」

どうしたことか、ヨーダの言い回しが急にロマンチックになっています。

「2つの満月がそろうのは、22日のエウロパとガニメデだけだ。このダブル満月のラッキーデーは28日ごと、つまりほぼ1ヵ月ごとに現れる。それから毎月8日は、エウロパ1つだけで、必ず満月になる『エウロパの日』だ。もし木星人がいたら毎月、22日の夜はにぎわうだろうな」

ヨーダのテンションはさらに上がります。

「ここで忘れていたもう1つの月、カリストを思い出そう。軌道共鳴の規則から外れているこの月には、どこかの22日に、満月になる可能性がある。つまり、あんたもお望みのトリプル満月が実現するわけだ。この日は木星をあげて祝日にしてもいいくらいだろう。さらには、ダブル満月とカリストの満月の間で、食が起こることがあるかもしれない。そのときに、もしこんな形になったら、あんたの惑星で人気の、例のネズミのできあがりだ（図3‐8）。実況中継されて花火が打ち上がるかもな」

そんな柄にもない想像をヨーダにさせるのも、夜空に浮かぶ月には、太陽とはまた違う魅力があるからでしょうか。たとえば英語の「Moon」の語源を調べると、意外に情報が乏しいのですが「Mana」という説があり、これは「Mind」（「感情」）という意味も含んでいるそうです。また、「Mana」には「Mania」（「取りつかれる」）というニュアンスもあります。月が感情と結びつきやすいのは、宇宙の知的生命に共通するものなのでしょうか。だとすると月は1つより複数あるほうが、人は心豊かに生きられるのかもしれません。

目くるめく連星の世界

さて、思わず長いこと話し込んでしまいました。そろそろお土産のカレンダーを買い込んで、戻らなくてはなりません。そう言うと、ヨーダはこう指示をしてくれました。

「どんな日付のものにするか選んだら、絵柄を決めてくれ。うちではコーディネーターと相談して、オリジナルの絵柄にできるサービスをやっているから」

そして店の奥のほうになにやら声をかけると、ピコピコと音がして、子どもくらいの背丈で丸い頭、丸い胴体のロボットとおぼしき物体がすーっと現れて、こちらに向かってきました。思わず身構えると、ロボットは頭をくるくる回しながらこう言いました。

「いらっしゃいませ。私がコーディネーターです。ご一緒に宇宙でたった一つのすてきなカレンダーをつくってまいりましょう。私が思うに、あまり宇宙のことをご存じないあなたには、まず宇宙のいろいろな『空』をテーマに組み合わせるのがよいかと思いますが、いかがですか」

口調は丁寧ですが主人に似て少し失礼だなと思いつつ、あなたはそれで頼むとOKします。

「ありがとうございます。ではさっそく始めましょう。ご覧いただくのは、さまざまなスペクトル分類の太陽をもつ惑星の、さまざまな空の画像を集めたものです。分類のしかたは地球人向けになっていますのでご安心ください。気に入った画像はチェックしておいてくださいね」

そういうとコーディネーターは、ディスプレイに1枚ずつ画像を投影しはじめました。

「まずは、A型の太陽をもつ惑星の、夕焼け空の画像です」

あなたは思わず息を呑みました。雲が緑色に染まるなかを、緑色の太陽が沈んでいます。

「驚いていますね。本当に1種類の太陽しかご存じないのですね。A型星の光の色は青白ですが、太陽が地平線に沈むときは光が大気中を通る距離が長くなるので、昼間よりも光の散乱が多く起こります。そのとき波長の短い光ほど多く散乱されるので青は見えなくなり、より波長が短い緑色系が強く見えるようになるのです。地球の夕焼けが赤く見えるのと理屈は同じです」

コーディネーターの嫌みは聞き流して、あなたは緑の夕焼けに心癒やされています。

「次は、M型の太陽をもつ惑星の夕焼けです」

これにも、おお、と声が出ました。地球の夕焼けの赤さとは違う、文字どおり真っ赤な絵の具をぶちまけたような、情熱的ともいえる夕焼けです。しかし、ところどころ血の色のようにどす黒くなっていて、不気味さもあります。そしてなによりも太陽が非常に大きく、圧倒されます。

「M型星の光は波長がいちばん長い赤なので、夕日ではほかの色はすべて散乱して純度が高い赤になります。さらに赤さえもやや散乱し、色のないところが黒くなります。また、M型星には巨大化するという特徴があります。あ、気に入ったらぼーっとしてないでチェックしてください」

あなたはわれに返り、あわててチェックボタンを押します。

「もう一つ、夕日をご覧に入れます。これはどこの惑星の夕日かおわかりになりますか」

それはまるで、見慣れた地球の青い空のようでした。しかし奇妙なのは、太陽は地平線に沈もうとしていることです。青空なのに夕日？　なんだこりゃ？

「これくらいは当ててほしいですね。地球のお隣の火星の夕日ですよ。火星の大気は薄くて、地球の大気の１％もありません。それだけ薄いと散乱が起こらず、夕日でも青い光が届くのです。はい、では夕日シリーズはこのくらいにして、次にいきましょう」

現れたのは、なんとピンク色の空でした。乙女チック、という言葉を思い出すような、なんともかわいらしい空が広がっています。

「これはA型星とM型星という組み合わせの連星を太陽にもつ惑星の空です。A型星の青白の光と、M型星の赤い光とがミックスされてこうなりました。私もこの色、大好きです」

頭をくるくるさせながら、コーディネーターは画像を切り替えました。今度は、空に虹がかかっています。不思議なことに虹は2本あって、空の左右から1本ずつ出ていて、中央で交わっています。そして交点は前の画像のような美しいピンク色に光っています。地球で見られるダブルレインボーは大小の虹が二重に見えるものですが、それとはまったく違います。

「もうおわかりと思いますが、これは連星の太陽をもつ惑星の虹です。2つの太陽がつくった別々の虹が交差しています。交点の波長が片方は青、片方は赤なのでピンク色になりました」

まるで遊園地のような、にぎやかな眺めです。そのあともコーディネーターは、いくつか画像を見せてくれたあと、あなたの耳元に近づいてきて、ささやくようにこう言いました。

「じつはお客さん、ラッキーなのです。なぜなら、きょう入ったばかりの超プレミアムな画像があるからです」

一瞬、日本の夜の繁華街を思い出しましたが、それは口に出さず、見せてもらいます。たしかにその画像は、この世のものとは思えない美しさでした。どれも恒星と思われる、大きな4つの星が、くっつくように重なり合っています。それぞれの星は、青、水色、黄色、赤の光を放っていて、お菓子のマカロンを巨大にしたようにも思えます。見ているだけで、心からうれしくなってくるような光景です。

「最近、新しく発見された七重連星があります。面白いことにその7つの星は、それぞれ異なる7つの色をもち、2個1組のペアを3組つくっています。青ｰ水色、淡い黄色ｰ黄色、濃い黄色ｰ赤です。残りの1つは暗い赤です。スペクトル分類の色と少し違うのは、青が散乱して黄色っぽくなるからです。そして、じつはある惑星で、これらのうち2組、青と水色、濃い黄色と赤の4つの星が、昼間の空に並んでいるところが撮れたのです。いったいどれだけの確率で起こることなのか、まだ計算できていないほど珍しい現象です」

あなたは選んだ画像をコーディネーターに組み合わせてもらい、最後にとっておきの1枚が待ち受けているオリジナルカレンダーを、こうして完成させたのでした。

未来カレンダーと宇宙アドレス

ようやくお土産を買うという目的を達したあなたに、またヨーダが近づいてきました。あなたが画像を選んでいるあいだに、地球人向けの変わり種カレンダーをつくったから受け取ってくれ、というのです。時間は気になりましたが、せっかくなので彼の講釈を聞くことにしました。

「名づけて、『地球の未来カレンダー』だ」

得意げにヨーダは話しはじめました。

「地球と月はいま約38万km離れている。光速は30万kmなので、ちょうど光が1秒ほどで進む距離だ。ところが、じつは月は少しずつ、地球から遠ざかっている。なぜなら、地球の自転速度が少しずつ遅くなっているからだ。さっき木星の月の話をしたときに、3つの月は軌道共鳴すると言ったろう。その一因として、周期の同期化が考えられると言ったが、それのことだ。大きさがさほど変わらない2つの天体が回りあっていると、だんだん自転速度が同じになってくる。すると速いほうの地球が徐々に遅くなって、月の自転速度に近づいていくんだ」

ヨーダが言うこの現象は、地球の物理学では「角運動量の輸送」と呼ばれています。一種の、回転速度の移動のようなものです。その理由は潮汐力(ちょうせきりょく)のためなどといわれていますが、まだはっきりとはわかっていません。

「だから、地球が1回自転する時間を一日とすれば、かつての一日は24時間ではなく、もっと短かった。恐竜がいた時代(約2億5200万年前〜約6600万年前)には23時間。まだ誕生したばかりのマグマの海のような原始地球では、なんと3時間しかなかった。できたばかりの月の公転周期も11時間ほどで、見かけはいまの50倍以上大きく見えていたはずだ」

猛スピードで空を駆けめぐる巨人のような月が目に浮かびます。

「さて、現在の月は、毎年約4cm、地球から遠ざかっている。地球人の手の爪が伸びる速さともいわれている。微々たるものに思えるが、それにしたがって自転速度も少しずつ遅くなり、一日

year	10000002XXX						
month	1	2	3	4	5	6	7	
day	1	1	1	1	1	1	1	2

図3-9　未来のカレンダー
いまから約100億年後のカレンダー。１日が約1200時間になり、１ヵ月は１日だけ、１年は約7.3日になる。７月だけうるう日が入り２日になる

の長さが少しずつ長くなっていく。何億年もすれば25時間、26時間となる。一日でやれることが増えてラッキーなんて言ってられるのはそのあたりまでだ。１００億年後に、同期化による速度移動が完了して地球と月の回転速度が同じになると、一日はなんと約１２００時間になる。もう日雇いの仕事などやっていられない。このとき、月はまだ地球の周囲をゆっくりと回っていて、地球の自転速度とほぼ同じになる。つまり1ヵ月＝１日となり、1年はわずか7日程度になってしまう。さらに時間がたつと、月は完全に地球の重力的影響下から離れて、新しい第４惑星となり、太陽を中心に円運動を始める。そしてカレンダーからは『月』の表記が消える」

ヨーダがつくったのは、そんな未来の地球のカレンダーなのだそうです（図３‐９）。見た目は

単純ですが、そこに込めた思いをヨーダは語ってくれました。

「最近、地球の連中もうちの店に来るようになった。太陽も月も1つしかない惑星だと前から知ってはいたが、話してみるとやはり視野の狭さを感じる。宇宙には自分たちが知らない世界があること、未来には自分たちが想像できない世界が待っていることへの想像力が足りない。自信をもちすぎているのかな。あんたも最初はそうかと思ったが、話してみると何も知らないことがわかったから、つい熱が入っていろいろしゃべってしまった」

あなたはまた少しむっとしながらも、ヨーダの好意には心からの感謝を伝えました。ヨーダはあなたの買ったカレンダーがかなりの荷物になりそうなのを見て、言いました。

「宅配便で地球に送ろうか？　送料は安くするぞ」

ありがたいですが住所の書き方がわからないと言うと、ヨーダは伝票になにやら書きつけました。

「地球行きの便ならこれで届くはずだ」

聞くと、このように書いてくれたそうです。

うお座くじら座超銀河団Complex　おとめ座超銀河団　おとめ座銀河団　局所銀河群　天の川銀河オリオン腕　太陽系第3惑星地球

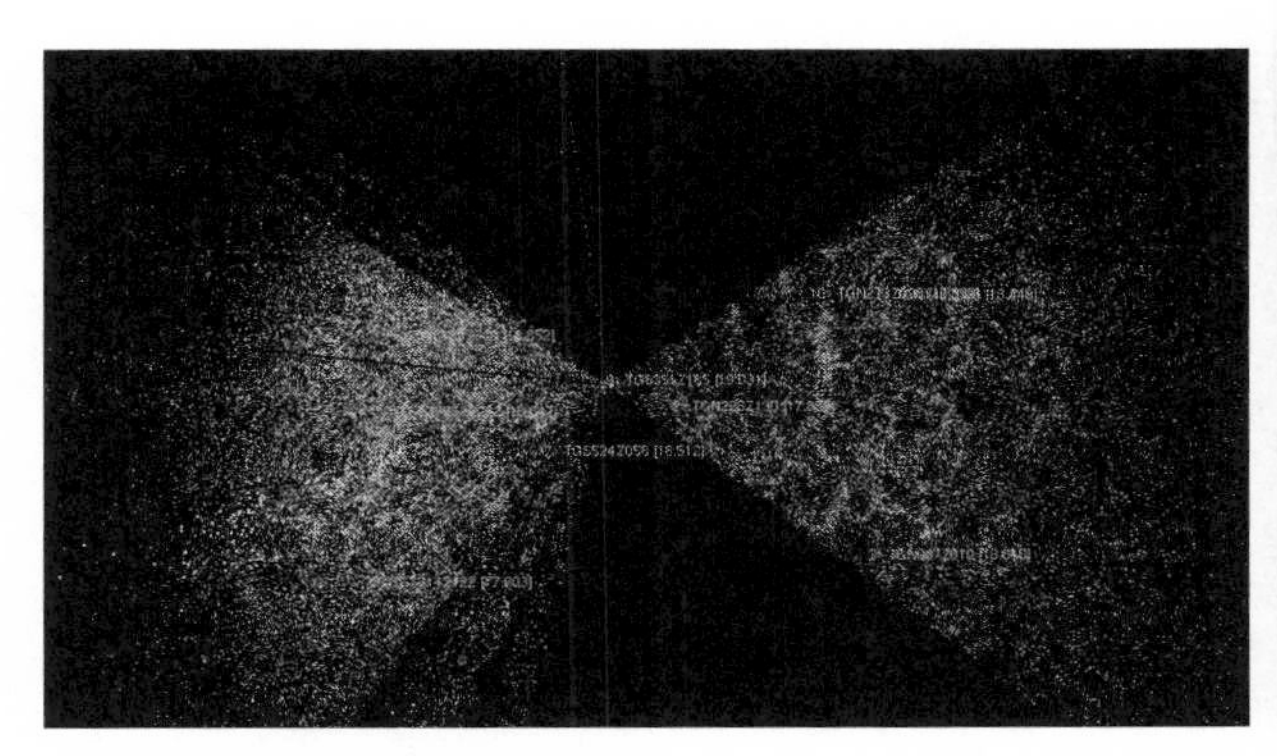

図3-10　宇宙の大規模構造
「2dF銀河赤方偏移サーベイ」の観測で描き出されたもの

説明すると、地球では銀河が数十個集まったものを「銀河群」、数十個から数百個集まったものを「銀河団」と呼び、さらに銀河団の集まりを「超銀河団」と呼びます。このような階層構造を宇宙の大規模構造といって、まるでクモの巣のように銀河どうしが手をつないで線や塊を形成しています**【偏差値】**（図３-10）。とくに大きな集まりが光り輝いている部分が超銀河団です。「うお座くじら座超銀河団Complex」とは超銀河団を含む、より複合的な構造という意味です。

しかし、あなたは少し不思議に思いました。このステーションは天の川銀河の中にあるので、同じ銀河内の地球に送るのにこんなに長いアドレスはいらないのでは？　そう尋ねるとヨーダは、

「ふん、お気楽な発想だな。もしも銀河の外に誤配さ

れたらどうする？　ここまで書いておかないと、二度と戻ってこないぞ。狭い地球とは違うんだ」

望外にも手ぶらのままで、ヨーダとコーディネーターに見送られて、あなたは店を出ました。予想もしなかった、充実したショッピングでした。

連星の太陽をもつ惑星の「神」とは

ポーキング博士の講演会場へと急ぎながら、あなたはさっきのヨーダの言葉を思い出しています。太陽も月も1つしかないから、地球人は自信をもちすぎているのだろうか？

気がつくのは、現在の地球で多数の信者を獲得している宗教は、キリスト教、イスラム教、そしてユダヤ教と、1つの神だけを信じる一神教ばかりだということです。この特徴は、太陽が1つしかなかったことに起因しているのではないだろうか？

同じことを、私も考えています。拙著『時間は逆戻りするのか』を書評してくださった言語学者の川添愛さんの、この言葉を私は折にふれて思い出すのです。

「物理学とは、現在の神話を創る試みである」

古来、人々はこの世界のしくみを知ろうと、太陽や月、星といった天体を観察し、そこに神の世界の存在を想像してきました。そうした知的好奇心から、やがて科学的手法が生みだされて、物理学や数学などの学問が発展を遂げました。つまり、初期の文明において、天体は神と同等のものでした。であるならば、ただ1つの太陽と、ただ1つの月しかもたないことが、唯一神による支配という信仰を生み、さらにその世界観が科学に投影されたと考えるのはごく自然です。

名前こそ違えど基本的には同一の絶対神を、ユダヤ教では「ヤハウェ」とし、イスラム教では「アッラー」と呼んで崇めています。同じ神だからこそ「神に選ばれるのは私たちのほうである」という独占欲が働き、同じ土地をめぐって争ったりもします。キリスト教でもイエス自身は神ではありませんが、イエスの父は唯一の神として聖書に登場します。キリスト教とユダヤ教はいわば「陸続き」なので、「父なる神」はヤハウェそのものといえます。そして地球の物理学は、おもに彼ら一神教の神話の世界観を母胎として生まれ、育まれてきたのです。

ひとつの例として、太陽を英語で「sun」といいますが、その語源は「sol」であり、「唯一」という意味も含んでいます。まさに太陽が1個であり、絶対的な天体であるからこそ、ついた名前なのかもしれません。私はイギリスのケンブリッジ大学理論宇宙論センターにいたときに、キリスト教の考えや文化が知りたくてプロテスタントの聖書を読む会に参加しました。イスラム教のモスクでお祈りに参加したこともあります。そこで彼らと宗教について話していちばん感じるのは、彼らに多神教という概念を理解してもらうのがなかなか難しいということでした。日本では、おもに仏教と神道があって……に始まり、さまざまな場所や自然の事物に対応する神様がいると考えるんだ、と説明しても、どうもぴんとこないようです。

複数の太陽や月がある世界では、どのような宗教が生まれ、どのように科学が発達しているのか、知りたいところです。想像する手がかりとして、地球にも信者の数では3位のヒンズー教という多神教があります。そこにはブラフマー、ヴィシュヌ、シヴァという三大神がいて、ブラフマーが宇宙を創造し、ヴィシュヌがそれを維持し、最終的にシヴァが宇宙を破壊するという分担になっているそうです。連星の太陽をもつ惑星の神々は、もしかしたらこのようなイメージに近いのかもしれません。

第4章 あなたは力をいくつ知っていますか？

扉を開けると、巨大な空間が目に飛び込んできました。テレビのニュースで見たことがある地球の国連の会議場の2倍はありそうです。壇上に立っている人は顔もわかりませんが、背後のワイドスクリーンには大きく映し出されています。翻訳機やヘッドホンやホログラムが備えつけられた座席はゆったりとした造りで、すでに多くの聴衆が着席していました。

ここ惑星際宇宙ステーションの大会議場では、これから定例の惑星際シンポジウムが開かれようとしていました。各惑星の科学者たちが最新の研究成果を発表して、すべての惑星で情報を共有し、科学の発展に役立てていく目的で開催されていて、地球は今回が初めての参加となります。その物理学部門の代表者が、弱冠13歳の天才、ポーキング博士です。

司会者の開会の辞が翻訳されて、ヘッドホンから聞こえてきました。いよいよ始まりです。手元のプログラムに従って会は進行していきます。どの発表も難解で、地球よりも少なからず科学のレベルが高いように感じます。だんだん博士のことが心配になってきました。こんな状況で、緊張せずにちゃんと話せるのだろうか？　いよいよ、ポーキング博士の番となりました。

後世の人に伝えるものをたった1つ選ぶとしたら

博士が壇上に立つと、まだ子どもともいえる風貌に、聴衆からどよめきが起こりました。スクリーンに地球を紹介する動画とともに、データとして太陽と月が1つずつであることが表示されると、目を丸くして隣と顔を見合わせる人もいました。それらが静まるのを待って、ゆっくりと博士は話しはじめました。

「みなさん、はじめまして。スティーヴン・ポーキングです。私は天の川銀河の中心からはやや離れたところにあるG型星を回る地球という惑星からやってきました。私たちのただ1つしかない太陽は、ある惑星では『ライオンのうんち』と呼ばれているそうです」

会場が笑いに包まれました。あなたも思わず声をあげて笑いました。彼はどこかで聞いてくれているでしょうか。

「きょうは最初のご挨拶に代えて、私たち地球人はいま、宇宙をここまで理解している、という話をしたいと思います。ただしこれは、私たちは宇宙をこんなにも理解している、という話ではなく、宇宙をまだこれしか理解できていない、という話です。地球人は宇宙をどのような歩みで理解してきて、いま何がわかっていないのかを、なるべく正直にお話ししたいと思います」

そこまで話すと、博士は手元のタッチパネルに軽く触れて、スクリーンの画像を切り替えました。映し出されたのは、古代エジプトの象形文字の写真でした（図4-1）。

「これは私たちの惑星では最古の文明のひとつが、地球時間で5000年以上も前に石板に刻みつけた文字です。見ていると、それだけの長い時間の隔たりを超えて、彼らのメッセージが私たちに手紙のように届けられた気がして、思わず感動をおぼえます。では、私たちは後世の人たち

図4-1　石板に刻まれた古代エジプトの象形文字

に何を伝えたらよいのだろうと、私はよく考えます。何千年もの時を超えて本当に残すべきものは何かと。
ただし地球ではいま、文字はデジタル情報として記録していますので、本当にこのファイルは後世の人々に読まれるのだろうかと、よく心配になります。保存と読み取りの形式が異なるはずの未来の人々はファイルを開けるのだろうかと。石板に刻めば、劣化はしてもこのように必ず読めるのですが。みなさんの惑星ではどのようにしているのか、知りたいところです。
では、もしも私が後世の人たちに残したいことを石板に刻むとしたら、いったい何を刻むか。地球では自分のお墓に、自分がどんなに偉大な業績をあげたかをたくさん刻みつける人もいますが、私が物理学者として1つ選ぶとしたら、何だろうか。ずっと考えてきました。そしてやっと、やはりこれではないかと思うようになったのです」

４つの力で森羅万象を記述する「神の数式」

博士の話しぶりが、熱を帯びてきました。

「この世界にはさまざまな現象がありますが、つまるところ、それらはすべて『力』の作用として記述することができる、そしてさまざまな力は、いくつかの基本的な力に分けられる、私たちの物理学は現在、そのように考えています」

ここで、聴衆の中から手が挙がりました。このシンポジウムは基本的に、講演の最中でも質問は自由にしてよいというルールです。

「いま、『いくつか』とおっしゃいましたが、具体的にはあなたたちは基本的な『力』をいくつ知っているんですか？」

ちょっと意地の悪い質問のような気がしたあなたは、その人の顔を注視しました。地球人とは違うので表情は読み取れませんが、心なしか、この新参者を試してやろうと思っている気配を感じます。というのもこう質問されると、つい見栄を張って、たくさん知っていると答えてしまいそうだからです。自分ならそうするだろう、でもそれはこの人の罠だ、多く答えさせて、遅れているとバカにしようとしているのだと思ったあなたは、博士に目を向けます。

ポーキング博士はその人に向かって笑顔でこう答えました。

図4-2　映し出された顔

「4つです。本当はもっと減らして、よけいな『力』は忘れたいのですが」

　そう答えると博士はすばやく手を動かしました。するとスクリーンに、「あっかんべー」をした男の顔が大きく映し出されました（図4-2）。まるで質問者にそうしているように。その人はややむっとしたように「わかりました」と答え、あなたは気持ちがすっとしました。

「もちろん、新しい5つめの『力』があるかもしれません。私たちの物理学がどれだけ進歩しても、この世界をすべて完全に記述することはできないと思っています。マクロの宇宙からミクロの素粒子にまで、想像を超えた現象は必ずあるはずです。それが見つかれば、4つの力は拡張されるでしょう。しかし現時点では、地球人が知っている現象はすべて、4つの力で記述できると考えています。そして、4つの力を表現したこの数式こそ、私は後世に残すべきものと考えているのです。地球人が大喜びしそうな表現を使えば『神の数式』です」

　そう言って博士はスクリーンに、4つの数式を映し出しました（図4-3）。聴衆はそれぞれの言語に翻訳されたホログラムに見入ります。博士はカーソルを動かしながら続けました。

$$-g_1 \bar{\psi} \not{B} \psi - \frac{1}{4} B^{\mu\nu} B_{\mu\nu}$$ 電磁気力

$$-g_2 \bar{\psi} \not{G} \psi - \frac{1}{4} G^{\mu\nu} G_{\mu\nu}$$ 強い力

$$-g_3 \bar{\psi} \not{W} \psi - \frac{1}{4} W^{\mu\nu} W_{\mu\nu}$$ 弱い力

$$+ \frac{1}{16\pi G_N} R$$ 重力

図4-3　後世に伝えるべき数式

「その4つを地球では、上から順に、電磁気力、強い力、弱い力、そして重力と呼んでいます。このうち重力を除く3つは、素粒子どうしに働く力です。電磁気力は、電子や光子に働く、地球人には最も身近な力です。強い力とは、私たちが物質の最小単位と考えているクォークどうしで働く力です。弱い力は、原子核が崩壊するときに働く力です。

数式を見ていただくと、素粒子どうしに働く3つの力は、ほとんど似た構造になっていることに気づかれると思います。記号『＝』より前は、その力が働く物質をつくる粒子で、われわれは『フェルミオン』と呼んでいます。『＝』より後ろは、その力を伝える粒子で、『ボソン』と呼んでいます。それぞれの名称も紹介すると、電磁気力の式の前半は『電荷をもつフェルミオン』、後半は電磁気力を伝える『光子』。強い力の前半は『クォーク』、後半は『グルーオン』。弱い力の前半は『クォーク』『ニュートリノ』『電子』などフェルミオン全般で、後半は『Wボソン』や『Zボソン』です。

つまり、素粒子の世界は、フェルミオンとボソンという2種類の粒子で語られる、『力』と『物』が、まるで男女のように対応した二元論で成り立っている。地球人はそう考えています」

ここで博士は少し水で口を潤し、こう続けました。

「ところが、素粒子に働くこれら3つの力とは別の力である重力は、ご覧のとおり数式の構造が違います。地球人にとって重力は、いまだに正体をつかみきれていない謎めいた力なのです。そして地球の物理学の発展を振り返るとき、重力は非常に重要なキーワードなのです」

「R」を発見した地球人

ここで博士はスクリーンを切り替え、さっきの舌を出した男の顔をもう一度映しました。

「さきほどは失礼いたしましたが、じつはこの人は地球では最も有名な物理学者であり、重力というものを地球人では初めて理論的に説明した人なのです。私も個人的に最も敬愛する科学者の一人です。その名前、アルベルト・アインシュタインは無理でも、この顔くらいは覚えていただけるとうれしいです。重力についてのこの数式も、彼が発見した重力についての理論、地球では『一般相対性理論』と呼ばれるものを表現しているのです。これは『重力方程式』とも呼ばれ、地球人が発見した数ある物理学の数式の中で、圧倒的な美しさを誇っていると私は思っています。この式の中にある『R』という量により、この世の重力に関するすべてが導かれる、そう考えているからです。おおまかにいえばRとは、時空の歪み（ゆが）を表しています。天体が公転したり、銀河が形成されたり、私が地面に立ったりなど、宇宙のすべての運動は重力が作用する現象として一般化されて、Rで記述することができるのです。

アインシュタインによるRの発見前は、運動については、アイザック・ニュートンという物理学者が発見した運動方程式で十分に表現できると考えられていました。しかし、じつはニュートンの運動方程式は、重力が弱い場合だけに使える『特殊な』方程式でした。とはいえ日常生活ではそれで不自由はありませんでしたので、そのことに気づく人は地球にはほとんどいませんでした。アインシュタインがRに気づいたのは、物体が光に近い速さで運動したらどうなるかという非日常的な発想がそもそものきっかけでした。そんな人がいたことに、地球人は感謝しなくてはならないと思っています。

私たち地球人は、Rのおかげで、天体のように巨大な重力をもつものの運動を記述することができるようになりました。そのおかげで、私たちは宇宙に行動範囲を広げることができるようになり、こうしてみなさんの仲間に加えていただくことができたのです。

私もそうですが、科学者は新しい理論を考えだしたいと思うものです。しかし、物理学において新しい理論とは、それが記述する特別な世界だけで通用しても、認められないと私は考えています。その理論の極限をとると必ず、既存の古い理論に一致していなければならないと思うのです。言い換えると物理学の理論とは、全体像がわからないジグソーパズルを、部分ごとに理論というピースで埋めて、つなげていく作業に似ています。その意味で、このRというピースは、ニュートンの運動方程式からつながる巨大なひとかたまりのパズルを、たった一文字で完成させてしまったような偉大さと美しさがあると思うのです。

細部を論じる時間はないのでおおざっぱな説明になりましたが、地球の物理学におけるアインシュタインの功績をイメージしていただけたら幸いです」

「量子重力理論」は地球人の悲願

ここで博士は少し口をつぐみ、会場をひとわたり見回しました。そして、それまでのテンションの高い話しぶりから、ややくだけた調子になって言いました。

「ここまでをお聞きになって、いま、こう思っていらっしゃる方もいるでしょうね。なあんだ、まだそんなに長い方程式を書いているのか、と」

会場から、くすくす、と笑い声が漏れます。

「そうなんです。『神の数式』なんて言いましたが、4つもこんな式を書いているようでは神様に笑われるかもしれませんよね。つまり、素粒子の3つはともかく、アインシュタインが見つけた重力が異質すぎて、統一的な式にできない。残念ながら、ここがいまの地球人の物理学の限界なんです。本当は重力も含めて1つの式で書きたい。ごちゃごちゃしたものをすっきりさせたいという欲求は、物理学者なら宇宙のどこに住んでいようと共通ではないかと思います。私たちも同じです。じつはアインシュタインも、そのために大変な努力をしました。でも結局、できなかったんです」

博士はがっくりとうなだれてみせました。どこでこんな話術を身につけたのでしょう。

「地球では、3つの素粒子の力と重力を統一する、まだ見ぬ理論のことを『量子重力理論』と呼んでいます**【偏差値】**。この理論を確立するには、最低限、次の2つの条件をクリアしなくてはならないと私たちは考えています。

（1）3つの素粒子の力の大きさに対して、重力の大きさがきわめて小さい理由を説明できる

（2）ミクロの世界を記述する量子力学の世界での重力の働きを予言できる

このうち（1）は、ご存じの方も多いでしょうが、電磁気力の大きさを1とすると、重力はなんと10のマイナス36乗です。強い力は電磁気力よりも大きく、弱い力という名前の力でさえ、電磁気力を1とすればおよそ10のマイナス4乗です。重力の小ささは、ほかと比べて異様なギャップがあります。その理由について、量子重力理論は答える必要があります。

（2）は、重力も素粒子とみなして、ほかの力のように、物質をつくるフェルミオンと、力を伝えるボソンとに分けることができるか、という意味です。通常、重力は光速度で伝わると考えられているので、その意味では電磁気力と同じです。それ以外の力は、ボソン粒子が質量をもっているので光速度よりも遅くなります。アインシュタインも電磁気力と重力が大変似た性質をもっていることに着目しました。その後、別の科学者が『重力子』という仮想のボソンを導入して理論の統一をめざしました。しかし結局は、見果てぬ夢となったのです。

では、重力子を仮定して重力を素粒子として扱うと、なぜうまくいかないのでしょうか。

量子力学では、素粒子には大きさがない、ゼロと考えます。どの惑星の数学でも、『ゼロで割ってはいけない』というのはおそらく共通のルールではないかと思いますが、それは、これをやると無限大という答えが出て計算不能になるからです。これを『発散』といいます。大きさがゼロの粒子や、質量がゼロの粒子が存在すると、いろいろなところで発散が現れます。

電磁気力を量子化するときは、地球人は『繰り込み』という方法でこのピンチを切り抜けました。これはごく簡単にいうと、素粒子がゼロになる状況が起こらないように、人為的に操作する方法です。だったら重力でも『繰り込み』で乗り切ればよさそうですが、そうはいきませんでした。重力はそうした操作を許さない、頑固な根深さをもつ力だったのです」

場内は、博士の話にうんうんとうなずく人、腕組みをして首を傾げている人などさまざまですが、博士が率直に語る、地球の物理学者が重力と悪戦苦闘してきたストーリーに聞き入っている雰囲気は伝わってきます。

量子重力理論「判定」のカギは特異点にあり

「それでも私たちは、量子重力理論という究極の理論は必ず実現できるはずだと信じて、歩みを進めています。現在ではその有力候補として、おもに2つのアイデアが提唱されています。一つは『超弦理論』、もう一つは『ループ量子重力理論』です。

まず超弦理論では、すべての粒子は『弦』と呼ばれる、長さがあるものでできていると考えます。大きさがゼロだと生じる発散を回避するためです。また、弦には開いた弦と閉じた弦の2種類があり、開いた弦は3つの素粒子の力が対応し、閉じた弦には重力子が対応すると考えます。

この理論で重要なことは、『超弦』とは、『超対称性をもった弦』という意味であることです。『超対称性』とは、物質をつくるフェルミオンと、力を伝えるボソンという2つの粒子の間に成立すると考えられている対称性です。これによって、フェルミオンとボソンを入れ替えることができ、統一的に扱えると考えるのです。つまり一見、異なる種類のものであった2つの粒子が、1つの弦として統一的になるというアイデアです。この超対称性は、弦が高エネルギーの状態になったときに実現すると考えます。

われわれ地球生命も、最初は性をもたない原始的生物だったのが、進化の段階で有性生殖ができるよう雌雄に分かれました。みなさんの中にもそういう方は多いのではないかと思いますが、超対称性もそれに似ています。力や粒子も、生物のように最初は1つだったのが、時間の経過あるいはエネルギーが下がってくることによって、分岐していったと、私たちは考えているのです。実際、3つの素粒子力も、現在の宇宙のエネルギー状態では異なる3つの力ですが、宇宙初期の高エネルギー状態では統一されていた可能性があります。これは地球では『大統一理論』と呼ばれ、究極の量子重力理論の一歩手前の理論です。

さて、もう一つのアイデアであるループ量子重力理論は、4つの力すべてを統一的に扱う姿勢はとらず、重力にだけ着目し、その量子化のみをめざします。重力というものの実体は、時間と空間をまとめた『時空』というものにあると考え、時空は飛び飛びの粒子でできていると考えるのです。すると、連続だと思っていた時間や空間が飛び飛びになったりします。このようにして重力を量子化すると、時間そのものが存在しなくなる、とも考えられています。

地球で量子重力理論を研究する学者の中では、超弦理論のほうが圧倒的に人気があり、ループ量子重力理論は一部の先駆的な研究者だけが取り組んでいる印象をうけます。数学的に難解で抽象的なため、いったい何をやっているのかと、物理学者さえ首を傾げているせいかもしれません」

はたして聞いている人たちは、地球における量子重力理論候補のアイデアをどのように感じているのでしょうか。あなたもおおいに気になっています。

「では、さきほど量子重力理論となるための条件として挙げた（1）と（2）を、それぞれの理論はクリアできているのでしょうか。

（1）重力の小ささを説明できること、については、超弦理論に分があるかもしれません。ループ量子重力理論は素粒子力と重力を同時には扱っていないので、この問いに対して明確なことは答えられないからです。

では、（2）の量子力学の世界での重力についての予言性はどうでしょうか。

この条件について判定するカギを握っているのは、ブラックホールです。ブラックホールは『重力のかたまり』とみなすこともできますし、『量子のかたまり』とみなすこともできます。その表面では、量子である粒子と反粒子が、たえずくっついては消えていて、いわば『蒸発』することが知られています、このことは地球では、私に似た名前のホーキングという天才物理学者が発見したことで有名です。このように量子的であり、かつ強い重力をもつブラックホールは、量子重力理論の出来を試すかっこうの実験場といえます。

とりわけ究極の舞台となるのが、ブラックホールの中心にある『特異点』です。これはエネルギーが無限大に発散する、それこそ取り扱い不能の点です。ここがどのようになっているのか、どのように見えるのか、周囲にどんな影響を与えるのか、などを予言してこそ、量子重力理論として太鼓判を押せるというものです。ホーキングは特異点を深く研究して、宇宙には必ず予言不可能な特異点が現れるとして、それがわれわれの物理学をややこしくしないように、『宇宙検閲官』と呼ばれる仮想的な存在を考えました。宇宙ではこの検閲官が厳しく特異点をチェックして、露(あらわ)にならないようにブラックホールで隠したり、布をかけて封印したりしているというアイデアです。こうすることは地球では『臭いものにフタをする』と言って、あまりほめられないのですが、そのくらいホーキングは、特異点の扱いを難解と考え、とりあえず気にしないですむ宇宙を想定したのだと思います。

しかし私は、この特異点という超難問に答えることこそ、究極の量子重力理論の役割であると考えます。私自身も、そのためにこれからの研究生活を捧げたいと思っています。とはいえ、みなさんの中には、すでにその答えをご存じの方も少なくないのかもしれません。地球人としては圧倒的な知性を誇ったホーキングの着想も、『なんだい、その検閲官ってのは』と内心、笑われているのかもしれません。答えを教えていただきたいという誘惑にあらがうのは大変ですが、できれば自分の力で見つけたい、という気持ちのほうが、いまは勝っています。次の私の発表を楽しみにしていてください」

そう言って博士が聴衆に向けて小さく拳を振り上げてみせると、次の瞬間、場内には割れんばかりの拍手と歓声が起こりました。

「超対称」って本当にあるの？

ここで博士は、しばしの質問タイムをもうけました。

「何かお聞きになりたいことがありましたらどうぞ」

すると、すぐさま手が挙がり、こんな質問が投げかけられました。

「超弦理論というアイデアは大変興味深いものでした。しかし、この理論では超対称性が重要とのことでしたが、地球の人たちは、超対称というものが本当にあると信じているのですか？」

この質問については、少し補足をしておきましょう。

世界はたった2種類の粒子でできていて、両者が超対称性のもとに統一されるという話はとてもシンプルで、それだけに物理学の自然な道筋のように思えます。そして超対称性は、３つの素粒子力を統一する大統一理論にも一役買っています。

また、少し難しい話になりますが、力の大きさを決める定数というものがあり、高エネルギー状態になるとこれが変化して、３つの力は一点の「結合定数」で交わります。しかし、もし高エネルギーでも超対称性が現れないと、結合定数は一点になりません。ばらばらに交わるからといって、それですぐに理論が不合格ということではありませんが、超対称性があれば３つの素粒子力はきれいに統一されます。それは非常に理にかなったシナリオであり、これを根拠に、超対称があると信じている研究者は多いのです。

しかし、超対称性には一方で、存在を疑問視されてもしかたがない面が、たしかにあります。実験的にはいまだにその保証がないからです。

現在、スイスのジュネーブの地下にある加速器実験場ＬＨＣでは、13テラeV（電子ボルト）という高エネルギーレベルで陽子どうしの衝突を実現させ、超対称性の証拠を探しています。１テラeVは、10の12乗eVです。これからも徐々にエネルギーを上げていき、最終的には14テラeVをめざすようです。

しかし、素粒子の研究者は、超対称性の兆候が現れるエネルギーを、少なくとも100テラeV以上（！）と考えています。どのような超対称性粒子を想定するかなど、モデルにもよりますが、もしこれが正しいならば、そもそも地球人が巨額の資金を投じて建設し、あのヒッグス粒子の存在を確認した究極の実験場でさえ、超対称性の存在に白黒をつけられないことになります。

それほど超対称性の世界は、素粒子の標準理論とはエネルギー的にかけ離れているということです。そのため、実験的に確信がもてないのです。「超対称性は机上の空論」という可能性も十分にありえます。そして、もし実験的に超対称性が存在しないことがはっきりすれば、超対称性が肝（きも）でもある超弦理論は、根底から揺らぐことになります。

もしかしたら質問者が住む惑星では、超対称性などというものの実在はとっくに否定されていて、にもかかわらず地球人は超弦理論なるものを成立させるために超対称性を必死で追いかけているように感じたのかもしれません。対して、博士の答えはこうでした。

「超対称性が本当に存在するか、まだ私たちにはわかりません。ただ、もし超対称性が存在しないことがわかったら、地球の仲間たちはみな、考えることが増えたと喜ぶような気がします。ダークマターとダークエネルギーが見つかって、私たちは宇宙のことを5％も知らないとわかったときもそうでした。私たちは宇宙のことをほとんど知りませんが、考えることは大好きです」

「R」は宇宙に誇れるか

もう一人、手が挙がりました。

「お話を聞いて、地球の物理学は、さっきの舌を出していた人によって大きく進歩したことがわかりました。この人の偉大さはどのようなところにあるとお考えでしょうか」

よくぞ聞いてくれたという顔で、博士は話しはじめました。

「さきほどお話しした4つの力のうち、3つの素粒子力は、何人もの理論物理学者による生涯をかけた研究の、合作とも結晶ともいえるものでした。しかし、もう一つの力である重力については、地球ではアインシュタインが単独で理論を構築したと言っても過言ではないでしょう。

ここで一つ、私からもみなさんに聞いてみたいのは、みなさんの惑星でもそれぞれに、このような重力理論が発見されていると思うのですが、それはどのような形でまとめられているか、ということです。アインシュタインはこれほどシンプルに、かつ、スマートに『R』だけの式にしてみせました。私はこの形を美しいと感じます。そして、うぬぼれと言われるかもしれませんが、この美しさはもしかしたら宇宙の知的生命にとって普遍的に、めざすべき一つの指標になるのではないか、と思ってしまうのです【偏差値】。それほど、この形は完成されたものであると私は考えています」

博士の回答に補足すると、たとえば、この理論を高エネルギーにも対応するために拡張する方法として、R^2やR^3といった項を追加していくというアイデアがあります。ところが、実際にそのような理論の拡張を試みて生まれてきた理論のほとんどは、すぐに破綻をきたし、なんらかのよけいな補正や修正を余儀なくされているのです。

たとえるなら、かつての地動説と天動説の論争に似ています。地球が動いていると考える代わりに、すべての天体が動いていると考えても観測事実を説明することはできます。しかし、そのためには、天体ごとに細かいルールをどんどん追加しなくてはなりませんでした。それよりも「地球が太陽の周囲を動いている」とシンプルに説明するほうが効率的でスマートです。

新しい理論に確証がもてるかどうかの一つの指標として、その理論がシンプルであるか、できるだけ少ない設定で成り立っているか、つまり「経済的かどうか」というものがあります。いろいろな仮定を加えなくてはならない「不経済」な理論は、完成度が低いのではないか、ということです。究極的な理論とは、それが子どもにも説明できるほど、明快なシンプルさをもっている気がします。この点を踏まえて、もう一度アインシュタインの重力理論をみると、これ以上は手を加えられないほどの完成度を誇っていると思うのです。

しかし言い換えれば、あまりにもシンプルだからこそこの理論には、たやすくは高エネルギーの理論を含めることを許さない、ある種の「呪縛」のようなものがあります。重力理論と高エネルギー理論を融合させて、量子重力理論の構築に成功した宇宙人は、この点をどのように克服して、その先の地平線へと理論をつなげていったのか、私もそれを聞きたくてしかたありません。

ポーキング博士の話を黙って聞いていた宇宙の知識層は、「ようやくこの理論形式に到達したのか。ならば究極理論の頂まで、もう少しだな」と思っていたのでしょうか。それとも「えっ、まだこの程度なの？　まだまだ先は長いなあ」と思っていたのでしょうか。

第5章 宇宙の破壊者を知っていますか？

すべてのプログラムが終わっても、シンポジウム会場ではポーキング博士がまだ聴衆に取り囲まれて、質問に答えたり握手を求められたりしています。いまだに幼さが残る少年とは思えない堂々とした講演が、すっかり人々の心をつかんだようです。あなたも博士とハイタッチでもしたい気分でしたが、いまは会場の外の通路にいて、中から出てくる人に注意深く視線を走らせています。もちろん、あのペガスス座の友人を探すためです。しかし、いかんせん人が多く、もしもここにいたとしても見つけるのはかなり大変に思えてきました。そんなときでした。

「もしもし、もしもし」

自分を呼ぶ声がしました。もしやと思って振り向くと、しかしそこにいたのはまったくの別人でした。地球人にわりと似た顔かたちの、若い男性とおぼしき人が、白い歯を見せてさわやかに笑っています。上半身は白いTシャツ1枚だけという場違いなかっこうです。

「そう、あなたです。あなたは、地球の人ですね」

「はい、そうですけど」

「やっぱり。ポーキング博士のお話はすばらしかった」

悪い気はしないので笑顔を返すと、その若者はTシャツを見せつけるように胸を張りながら、

「きょうの記念に、いかがですか」

と、通路の端に置かれた長いテーブルを指さします。そこにはたくさんのTシャツが並べられ

ていました。ああそういうことかと思いつつ、まだお土産にカレンダーしか買っていないあなたは、自分用に見てみようかという気になりました。若者はうれしそうに、「これはどうですか」とあなたに合いそうなサイズの1枚をすすめてきました。よく見ると胸のところに「Λ（ラムダ）」のような形のマークが小さくプリントされています。彼の胸にも、同じマークがついています。

「これは何ですか」

あなたが尋ねると、彼はにっこりと微笑んで、こう言いました。

「その説明をしたいので、よかったら私たちの部屋に来ませんか」

「w」の値がマイナスになる異質なエネルギー

ポーキング博士はある惑星のジャーナリストからインタビューを申し込まれ、いま交流カフェに場所を移して質問を受けています。

「さきほどのお話で、いまの地球の物理学における最大のテーマの一つが量子重力理論の構築であることはわかりました。そのほかに現在、重要とされているテーマはありますか？」

博士は即答しました。

「講演でも少しふれた、ダークエネルギーですね。おそらく、このステーションのメンバーとなっているすべての惑星でその存在は知られているでしょうし、多くの惑星では、その正体も解明されているでしょう。しかし、地球ではまだ、ほとんど謎のままなのです。この名前にも『まったくわからないもの』という意味が込められています」

続けてください、とジャーナリストは身を乗り出しました。

「さきほど私は、物質をつくっているのは『フェルミオン』という粒子であると言いましたが、正しくは『私たち地球人の知っている物質』と言うべきところでした。

というのも、宇宙はどのようなものでできているかが精密に測定された結果、それまで私たちが知っていた物質、それがフェルミオンでできた物質ですが、それらが宇宙全体に占める割合は5%にも満たないことがわかったのです。95%以上は『未知なるもの』であることがわかり、地球人はそれらを『ダークマター』『ダークエネルギー』と名づけました〈偏差値〉」

少し読者のために補足すると、フェルミオンでできている物質はすべて第2章で見た周期表に載っている元素で構成されていて、「バリオン」と総称されています。正確にはバリオンとは6種類のクォークのうちの3つが、かたまりになったもので、陽子や中性子もその仲間です。元素はこれらがおもちゃの「レゴブロック」のように組み合わさってできています。要するにバリオンとは「私たちの知っている物質」の総称と考えて問題ありません。ところが20世紀後半に、バリオンをすべて足し合わせても宇宙では4・8%にしかならないことがわかり、あとの95%以上は「ダークマター」や「ダークエネルギー」とされました。もう宇宙のことはかなり理解できていると思っていたであろう地球の物理学者たちにとっては、衝撃的な事実でした。しかし、ポーキング博士も言ったように、彼らの多くはそれで心を折られることなく、むしろ奮い立ったのです。

ただし、「未知」とは言っても、ＳＦ映画に出てくるようなまったく想像もつかない未知の生命体などとは違い、ここでいう未知とは「正体が不明」という意味です。宇宙全体に占める量は正確にわかっていますし、性質の一部もわかっています。その意味では、未知というよりは「不審者」に近いと私は思っています。フードをかぶってサングラスをかけているので誰なのかはわかりませんが、人間であることや身体的特徴はわかっているといったイメージです。

ダークマターの「ダーク」も、光と反応しないという性質を反映させたもので、「未知」という意味ではないのです。ただしダークエネルギーの「ダーク」はまさに、まったくわからないという意味で名づけられました。しかし、それだと正体の解明をあきらめているようで、私はあまりいい呼び名ではない気がしています。

では、ポーキング博士のインタビューに戻りましょう。

「宇宙は何でできているのか、その内訳を地球人が調べたところ、多い順から、第１位はダークエネルギーで、宇宙全体での割合は圧倒的な約69％。第２位はダークマターで約26％。そして第３位が私たちの代表、バリオンで約４・８％。第４位は光で、約０・００５５％でした。

なお、地球の物理学では、このように物質やエネルギーをこれは何、これは何、と分別するためには『状態方程式』というものを使っています。物質やエネルギーの圧力Pを、密度ρ（ロー）で割って比wを求め、この『w』の値によって、どのような性質かを分類しているのです。

物質は普通、押せば押したぶん、反作用のように押し返してきます。この力が強いと、『w』の値が大きくなります。いま挙げた宇宙の構成要素の内訳では、第4位の光は押し返す力が最も強く、$w=1/3$になります。ダークマターやバリオンは押し返す力が非常に小さく、$w=0$となります。しかしこれらは、wが正の値という意味では、同じ仲間に分類することもできます。

ところが、ダークエネルギーはwの値がマイナス1、つまり負になることがわかったのです。押すとどうなるかというと、押し返してこずに力が内側に向かい、へこむのです。こんな変てこな物質を、それまで地球人は知りませんでした。

約5％のバリオンと約26％のダークマターを合わせて約31％とし、残りをダークエネルギーと考えれば、宇宙には『約3割の物質と、約7割の謎のエネルギーがある』と言うこともできます。この7割が何かを解明することが、地球人の最重要テーマの一つなのです」

ダークエネルギーは「Λ」だった

ここでジャーナリストが、博士にコーヒーをすすめながら質問します。

「宇宙にそのような謎のエネルギーがあることを、地球人はどのようにして知ったのですか？」

ポーキング博士はお礼を言ってコーヒーを一口すすり、答えます。

「じつはダークエネルギーを地球で最初に発見したのも、さきほどご紹介した相対性理論をつくったアインシュタインなのです。ただしそこには皮肉なストーリーがあります。

アインシュタインは例の『R』を使って、宇宙という器は、中身である物質やエネルギーによってどう変化するかを表現する重力方程式をつくりました。ところが、困ったことが起きました。宇宙がこの方程式の通りにふるまうとすると、膨張したり収縮したりと、非常に落ち着かないものになってしまうのです。彼には、宇宙は静止して動かないという信念のようなものがありました。自分がつくった方程式が、それに反するのを許せなかった彼は、方程式をいじりました。『R』に『Λ』という項を加え、『$R+\Lambda$』としたのです。その効果で、宇宙は静止しました。

ところがその後、彼にとってショックなことが起きました。観測によって、宇宙は静止などしていなくて、本当に膨張していることがわかったのです。もしも自分の方程式を信じていれば、そのことを最初に予言した科学者になれたのに……彼は『Λ』を式に入れたことを『わが人生の最大の過ち』と言って悔やみました。このあたりのことは、地球の初心者向けの物理の本には必ずと言っていいほど書かれています。

しかし、この話はこれでは終わらないのです。それから約70年後、アインシュタインがこの世を去ってからは40年ほどたってから、宇宙は加速膨張していることが観測されました。普通に考えれば、宇宙が膨張する速度は、宇宙にある物質の重力に引っ張られるために減衰していくはずなのに、なんと逆に加速していたのです。このことは超新星爆発という天文現象を分析することでわかりました。そして、この不可解な加速膨張を起こしているエネルギーは、アインシュタインが方程式に入れた『Λ』によって表現されていることがわかったのです。ものを引っ張る『引力』が働けば、宇宙自体もこれに引っ張られて収縮しますが、『Λ』は逆にものを斥ける『斥力』として働くので、宇宙を押し広げようとするのです。重力が斥力として働くなどという例を、ほかに地球人は知りません。この不可解なエネルギーが、wが負の値になるダークエネルギーなのです。だから、ダークエネルギーとは、アインシュタインが考えた『Λ』にほかなりません。『Λ』のことを地球では『宇宙定数』あるいは『宇宙項』と呼んでいます」

そこまでを聞いて、ジャーナリストは言いました。

「私の惑星でもダークエネルギーに相当するものの存在は知られていますし、それなりに研究は進んでいます。しかし、たった一人の物理学者の思考から予言されたというストーリーは非常に面白く、エキサイティングです。きっとアインシュタインは地球では、最高にリスペクトされている人物なのでしょうね」

「たしかに、地球で最も有名な科学者は誰かといえば、彼かもしれません。しかし、彼の業績が正当に評価されているかというと、私にはちょっと疑問もあります。地球には、すぐれた学術成果をあげた者に与えられる最大の名誉とされる、ノーベル賞があります。しかし存命の人しか対象にならないので、没後に発見されたダークエネルギーの予言では、彼は受賞していません。しかも、地球人の世界観を覆した一般相対性理論でさえ受賞していないのです。さすがに1度は受賞していますが、もしも自然界に人格があって『自分を最もよく解明してくれた人に賞をあげたい』と考えているなら、間違いなくあと3回は受賞していたと私は思っています」

「へ」の正体を知っていますか

いま、あなたは白いTシャツを着た若者に導かれてシンポジウム会場を出て、少しさびしい通りにある建物の、地下へ続く階段を下りています。宇宙人との交流に自信がつき、すっかり気が大きくなっていたあなたも、だんだん心配になってきました。Tシャツを買うだけなのに、どうしてこんなところまで連れてくるんだろう？

若者はある一室の扉を開け、あなたを誘（いざな）います。こわごわ入ると、意外にも中は明るく、同じTシャツを着た数人の若い男女が床に座っています。若者が「先生、いらっしゃいました」と言うと、奥から「はい」と声がして、髪を肩まで伸ばし、髭をたっぷりたくわえた、やせた男性が出てきました。だぶだぶの服を着ていますが、やはりその胸には「Λ」のマークがついています。あなたを見ると、「先生」と呼ばれたその人は微笑を浮かべて言いました。

「ようこそ、Λ研究会へ」

ぽかんとしていると、「先生」はゆっくりと話しはじめました。

「驚かせてしまい申し訳ありません。じつはステーションに地球からお客様が見えると聞いて、ぜひお友だちになりたいと思い、準備をしていたのです。きょうは私たちも地球人になったつもりでお迎えしますので、ぜひリラックスしてください。本当は私たち、こんな姿ではないんですよ。じつはこの『Λ』のマークも、きょうのために地球の文字で書いたものなんです。もちろん惑星ごとに表記のしかたはさまざまですが、どれも同じものを指していて、私たちは『それ』を研究するために各惑星から集まっているのです。物理学がお好きなら、地球では『Λ』が何を意味しているか、おわかりですよね？」

山ほど疑問はありますが、根が素直なあなたは「先生」の問いにまともに答えます。

「宇宙定数でしょうか。アインシュタインが重力方程式につけ加えたという……。ダークエネル

ギーと呼ばれる謎のエネルギーはこれのことだと地球では考えられているようです」

「さすがです！　では、あなたはその正体がどのようなものか、ご存じですか？」

宇宙定数「Λ」の正体？　難しい質問に、あなたは考え込みました。

ダークエネルギーが招く未来の「虚無」

ポーキング博士へのジャーナリストの質問は続いています。

「では、あなた自身は謎のダークエネルギーの正体を、どのようなものと予想していますか」

少し考えてから、博士は答えはじめました。

「さきほど宇宙の内訳として、宇宙全体に占めるダークマターやバリオン、ダークエネルギー、光の割合を示しました。これらは正確に言えば、『物質やエネルギーの密度』の割合です。宇宙は膨張して体積がどんどん大きくなっていますので、これらの密度はどんどん小さくなっていきます。バリオンもダークマターも光も、未来の宇宙では密度がほぼゼロになってしまうわけです。

ところが、ダークエネルギーだけは唯一、宇宙が膨張しても密度は変わりません。つまりアインシュタインが導入したが『Λ』が定数だから、小さくはならないのです。ここにも、状態方程式ではwの値が負となるという特異な性質が表れています。

したがって宇宙では、未来にいくほど、密度の1位と2位以下の差はさらに広がって、圧倒的大差となることが運命づけられているのです。現在はダークエネルギーに7割が支配されていて、それだけでも圧倒的ですが、未来には8割、9割となり、ついには99％以上になって宇宙を完全支配するときがきます。どのように抵抗しようとも、この支配はもう絶対に覆りません。ではそのとき、宇宙はどうなるのでしょうか。

ダークエネルギーの基本的な性質として、宇宙を加速度的に膨張させることはわかっています。宇宙がそのような膨張をすると、たとえば銀河にはどのように影響するのか、まだ私たちは正確にはわかっていません。単に銀河どうしの距離が広げられる程度ですむのか、それとも銀河という構造そのものが引き裂かれて、最終的にばらばらの原子に戻っていくのか、そこは難しい問題だと考えられています。

しかし、少なくとも銀河どうしは、お互いの光がまったく届かないほど引き離されて、お互いを観測することもできなくなります。私たちの天の川銀河も、暗黒の世界に一つだけ存在する、完全に孤独な状態となることは間違いないでしょう。宇宙の未来には、このような空っぽの虚無が待っているのです。そう考えると私は、ダークエネルギーは『破壊神』というイメージに近いような気がします」

「創造神ですか？」

あなたは「先生」が口にした意外な言葉を思わず繰り返しました。「Λ」の正体を聞かれて答えに詰まったあなたに、「先生」はこんなことを言ったのです。

「地球で言うところの『Λ』は、ほかのどの惑星でも知られています。しかし、多くの人はそれを、未来の宇宙を引き裂く、絶対的なるものというイメージでとらえています。一言で表せば、おそるべき破壊神ということです。私たちはこのイメージをなんとか変えたくて活動しているのです。『Λ』は破壊神などではありません。むしろ、この宇宙に私たちを生み出してくれた『創造神』と言うべきなのです」

そう「先生」が言うと、それまで黙っていた若者たちが急に「『Λ』に感謝！」「『Λ』に感謝！」と繰り返しはじめたので、あなたはびっくりしました。

「では、なぜ『Λ』は創造神なのかを、いまからお話ししましょう」

若者たちはまた静かになり、室内には「先生」の声だけが響きはじめました。

「宇宙定数の偶然一致問題」とは

「しかし、ダークエネルギーの本質は『破壊神』という言葉では言い尽くせないこともわかっています。むしろそれ以外のところに、じつに大きな、そして非常に興味深い謎がある。それについては、地球の私たちはいまのところ頭を抱えるしかなく、ここが科学の限界かとも言われてい

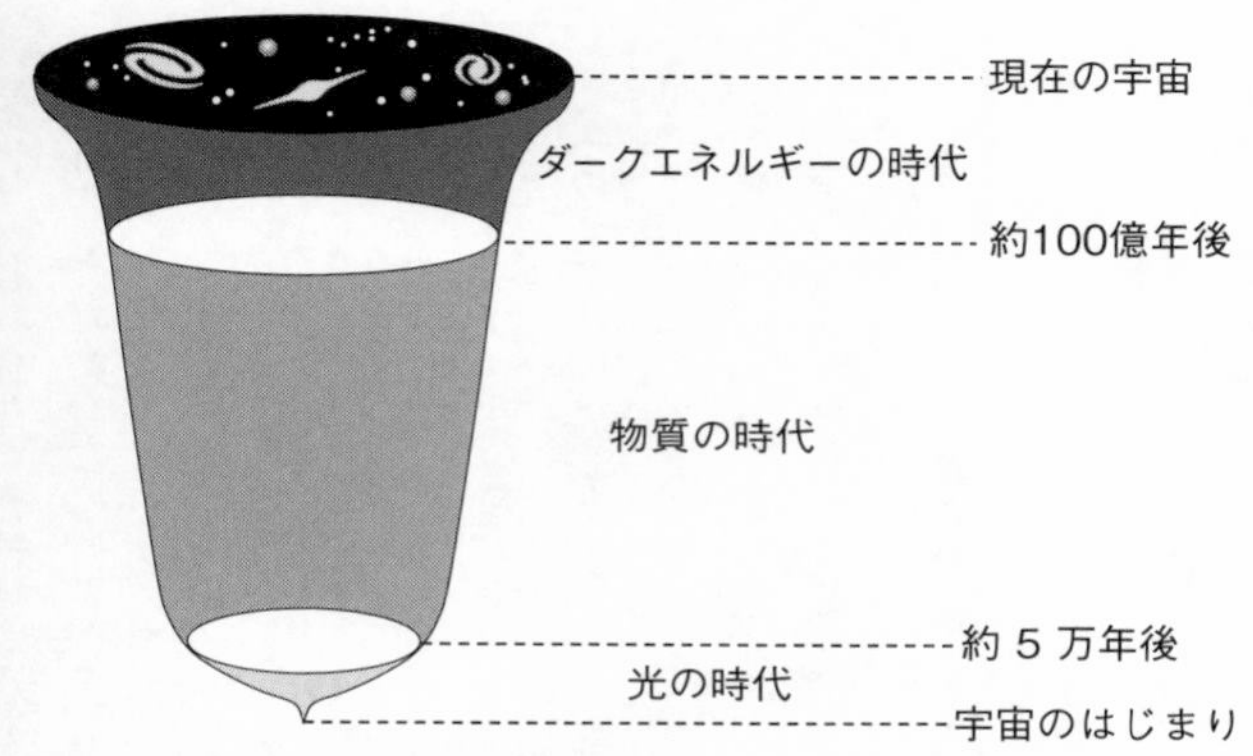

図5-1　宇宙は３つの時代に分かれる

ます。できればあなたが知っていることを逆に教えていただきたいくらいですが、恥をしのんで、現在の私たちが悩んでいることをお話ししましょう」

ポーキング博士はそう言って、口元に笑みを浮かべながら話しはじめました。

「宇宙が約１３８億年前に誕生してから現在までの歴史は、何が主役となっているかによって、おおまかに３つの時代に分けることができます（図５‐１）。

まず、『光の時代』が5万年ほど続きました。しかし光は、ダークマターやバリオンに比べ、状態方程式では外への圧力が強いので、宇宙の膨張による薄まり方も速いのです。そのため、光はいちはやく宇宙の表舞台から姿を消していきます。

続いて、『物質の時代』が１００億年近く続きます。現在の宇宙の年齢を考えれば、宇宙史のほとんどは物質が優勢の時代であったといえます。

そして、いまから約40億年前に、宇宙は第３の時代に移行しました。加速膨張が開始したことで始まった『ダークエネルギーの時代』です**〔偏差値〕**。

ここで少しローカルな話をしますと、私たちの地球が含まれる『太陽系』は、約46億年前に誕生しました。したがって宇宙の長い歴史の上では、そのすぐあとに第３の時代の幕が上がったことになります。そのことがわかると、地球ではある議論が巻き起こったのです。ダークエネルギーが優勢になると、さきほどの話のように宇宙の構造は大きく変わります。銀河ができにくくなり、そのため恒星も惑星もできにくくなります。それは当然、生命ができるかどうかにも影響します。そう考えると、生命が地球に誕生するためには、少なくともある程度の準備ができるまではダークエネルギーには静かに眠っていてもらいたい。そして実際、46億年前に地球ができ、38億年前あたりに地球生命が誕生したことを考えると、40億年前にダークエネルギーの時代が始まったのは、ぎりぎりのタイミングだったようにも思えます。そのおかげで高度な知能をもつ『人間』が誕生したことに、特別な意味を見いだす考え方が現れたのです。ダークエネルギーの時代がいつから始まるかは、それまで宇宙を支配していた物質の密度と、宇宙定数の値との関係によります。それがいつ決定されたかといえば、宇宙が始まったときからでしょう。ではなぜ、そのようにたまたま人間にとって都合のいい値になったのか。地球ではこの問題を『宇宙定数の偶然一致問題』と呼んでいます」

これに対して、ジャーナリストは言いました。

「その問題は私たちの惑星でもミステリーとされていました。地球ほどぎりぎりではなくとも、タイミングがもっと早かったらおそらく私たちは生まれていなかったでしょう。宇宙の長い歴史の中では、50億年の誤差の範囲に収まるのも、なかなか幸運なことです」

彼の惑星ではその問題がどうなっているのか気になりながら、博士は続けました。

「宇宙定数の小ささ問題」と「人間原理」

「ダークエネルギーの正体として、地球で最有力候補とみられているのが『真空のエネルギー』です。『真空』というと、何もない空間と思われがちですが、じつはつねに粒子と反粒子が、生成と消滅を繰り返しています。つまり、1－1＝0となる1とマイナス1が、たえず生まれているので、平均すると、そこになんらかのエネルギーが蓄えられていると考えることができるのです。これが真空のエネルギーです。宇宙には場所によっては星や銀河もあるし、水素のガスも、惑星の大気もありますが、それらは宇宙全体で見たらほんの一握りでしかありません。しかし、じつは真空に、とてつもないエネルギーが内蔵されているのです」

ここで少し補足をします。宇宙における真空とは、どのようなものかということです。宇宙に占めるダークエネルギーやダークマターやバリオンなど、すべての物質やエネルギーの密度を合わせた合計値は「宇宙臨界密度」と呼ばれています。それは驚くほど小さい値です。たとえれば、体積1㎥の箱に、水素原子がたった6個だけ存在しているのにひとしい密度です。宇宙のすべてのものを宇宙空間全体に均一に引き伸ばすと、そうなるのです。念のためにいうと水素が6gではなく、6個ですよ。1gの水素には、水素原子がおよそ6×10の23乗個もあります。そのうちのたった6個しか、1m四方の箱に入っていないのです。何も入っていないといってもいいほどです。もし宇宙の大きさ以上の生命体が宇宙をぼんやりと眺めたら、宇宙には銀河も星も何もなく、ほぼ真空だと思うでしょう。これが宇宙の真実の姿です。

では、博士の話に戻りましょう。

「地球でも素粒子物理学が発達したことで、この真空のエネルギーの大きさを計算することができるようになりました。おおまかにいえばその値は、真空の中の個々の素粒子がもつエネルギーの値を足し合わせていくことで求められます。そして最終的には、さきほどの講演でお話しした4つの力のうち、どの力のスケールまで足し合わせていくかで決まります。

仮に、重力まで統一される量子重力理論のスケールまで足し合わせていくと、その値は、現在のダークエネルギーの値を1とすると、10の120乗にもなってしまいます。何か根本的な考え違いをしているとしか思えないほど、とてつもない値が出てきます。重力ではなく、私たちにも確実に理解できている強い力のスケールまで下げて足し合わせても、10の44乗です。これとて、とんでもない値です。

つまりダークエネルギーの正体が真空のエネルギーだとすると、その大きさは本来であれば、『光の時代』や『物質の時代』などの先駆時代をはさむ余地がないほど圧倒的で、宇宙はビッグバン直後に加速膨張を開始してしまいます。それでは、星も銀河もできないでしょう。構造形成の理論にもとづくと、宇宙初期のダークエネルギーの値が現在の10倍程度までの大きさであれば構造ができると見積もられています。だから、実際にはその範囲に収まっていたのでしょう。10の120乗とはあまりにも開きがありすぎます。

すると、宇宙初期のダークエネルギーには、普通の真空のエネルギーではなく、なぜかきわめて小さい真空のエネルギーが選ばれている可能性があるわけです。そのおかげで宇宙には生命が存在することができている。しかし、いったい誰が、なんのために選んだというのか？　これを『宇宙定数の小ささ問題』と私たちは呼んでいます〔偏差値〕。

そして、この問題やさきほどの『宇宙定数の偶然一致問題』への合理的な答えを見いだせないため、地球では、この宇宙はわれわれ知的生命が現れるのに都合よく設定されている、とする『人間原理』が提唱されました。自分たちが存在できるように宇宙の定数が決められているというナンセンスな考えですが、反論することは難しく、私たちにとっては科学の限界を突きつけられているようで非常に悩ましいテーマです。でも、この名前は変えるべきですね。これらの問題は、すべての宇宙人に共通なのですから、『宇宙人原理』とでも呼ぶべきでしょうか」

するとジャーナリストは言いました。

「私たちの惑星も、このステーションの会員になってから名称変更しています」

「ああ、やっぱりあるのですね！　この厄介な『原理』が」

「ありますとも！　本当に厄介です！」

「何か結論は出されていますか？」

「いえ、まったく。物理学者にとってはやはり、目下最大の関心事です！」

　ひとつ補足をすると、「宇宙定数の小ささ問題」については、ポーキング博士の講演で出てきた超対称性で説明できる可能性は残されています。もう一度言うと超対称性とは、バリオンをつくる粒子フェルミオンと、力を伝える粒子ボソンとのあいだに存在するかもしれない対称性です。もしこれが成立すると、さきほどの真空のエネルギーの計算において、足しあわせて10の120乗にまでなった素粒子が、ちょうどプラスとマイナスの項が打ち消しあうように消えていき、値がゼロに近づきます。つまり、真空のエネルギーがきわめてゼロに近いことが理論的に裏づけられるのです。

　ただし、これはあくまで理論上の話で、実際には、現在の宇宙はこの超対称性が完全に破れている状態です。すると真空はやはり値をもってしまい、現在のダークエネルギーより10の60乗も大きなエネルギーになってしまうことがわかっています。

しかし、「超対称性がある理想の世界では、真空のエネルギーはゼロである」というアイデアには、何か意味があるのかもしれません。読者のみなさんの中から、人間原理に果敢に挑戦する方が現れてくれることを期待します。

無限の足し算の「驚きの答え」

「Λ」についての「先生」の話を聞き終えてあなたは、物理の本で読んだ人間原理のことだなと思いました。あなた自身もかなり興味をもっていて「宇宙定数の小ささ問題」なども知っていたので、宇宙人も同じなのだとわかったのはうれしいことでした。しかし、「Λ」を「創造神」とまで言うのは違和感がありました。あなたは「先生」に尋ねました。

「あの、『Λ』は私たちが存在するために『なくてはならない』わけではなく、存在の『邪魔にならないようにできている』のではないでしょうか。だとすれば、私たちを『創造』しているとまでは言いきれないような気がするのですが」

それを聞いて「先生」は、笑みを絶やさずにこう答えました。

「紙にゼロを120個、書いてごらんなさい。そして、そのゼロの鎖に巻きつかれ、がんじがらめになってこの世に生まれてこられずにいる自分を想像してみなさい。その鎖から解き放ってくれた『Λ』のおかげであなたが存在していることに、感謝したくなるでしょう」

どうも宗教の勧誘らしいと察したあなたが「そろそろ失礼します」と言うと、「先生」は、

「では、最後にこの問題を解いてみてください」

と言って、部屋にかかっていた黒板にこのような式を書きました。

$$1+2+3+4+\cdots \simeq ?$$

「？の値は何か、わかりますか？」

「これは、無限大としか答えようがないですね」

とあなたが答えると、「先生」はまた微笑んで、驚くべきことを言いました。

「いいえ。答えはマイナス1／12です」

「そんなバカな！」

すると「先生」は、一人の若い女性に目配せをしました。その人は黒板の前に立つと、すらすらと式を書きはじめました。

$$
\begin{aligned}
S &= 1+2+3+4+\cdots \\
4S &= 4+8+12+16+\cdots \\
S-4S &= (1-0)+(2-4)+(3-0)+(4-8)+\cdots \\
&= 1-2+3-4+\cdots = 1/4 \\
-3S &= 1/4 \\
S &= -1/12
\end{aligned}
$$

キツネにつままれたような気持ちで、あなたは黒板を見ています。突っ込めそうなところがあるとすれば、4行目の1－2＋3－4＋…＝1/4が本当にそうなるかですが、でも、こんなところでいんちきはしないでしょう……。

口を開けたままのあなたに「先生」は、にわかに凄みをきかせた口調になって言いました。

「これでわかったろう。無限に思えるものが、つねにそうとはかぎらないのだ。『Λ』も同じだ。無限に思える宇宙に、『Λ』の奇跡によって、われわれの居場所が与えられるのだ」

勢いに押されて、あなたはうなずきました。

インタビューを終えて地球ブースに戻ったポーキング博士はご機嫌でした。ほかの惑星にも、ダークエネルギーがもたらす「宇宙人原理」について深く考え、悩んでいる人たちがいるとわかったのは、なによりもうれしいことでした。思わず顔をほころばせていると、あなたが帰りつきます。

「長いお出かけでしたね。おや、ずいぶんお疲れのようですが」

そう言った博士にあなたは、「Λ研究会」でのことを報告し、とくに最後の驚きの計算について、いったいどういうことなのか、泣きつくように解説を頼みました。

「ああ、これですか。ゼータ関数から出てくる、ある種のトリックですね。ラマヌジャンという数学者が考案した証明です。このように直観的で簡明な方法を思いつくのはすごいことで、ラマヌジャンは地球最高の天才だと私は思っています。なお、４行目の１－２＋３－４＋…は、アーベル総和と呼ばれる級数で、1/4になることはわかっています。

この計算は実際に、カシミール効果と呼ばれる現象を記述するときに利用されます。カシミール効果とは、真空のエネルギーについての実験をしてわかったことで、２枚の金属板を平行に並べ、その間を真空状態に保つと、勝手に両者が引きあって引力を受けるというものです。まさにこの計算のように素粒子のエネルギーを足しあわせると、自然数の和がマイナスの値になることが、引力になることに関係しているのです。ただし、長くなるので説明は省きますが、厳密な意味では正しい計算ではありませんからね。

さすが『Λ研究会』の人たちは、この計算のことも知っていたわけですね。うーん、興味深いなあ。それで結局、会員にはなったのですか」

豹変した「先生」の迫力に押されて入会してしまったこと、Ｔシャツを買うとき値札の数字にゼロが１２０個もあったので卒倒しそうになったが、それはジョークだったことを話しました。Ｔシャツを受け取るとき「先生」に、「地球での勧誘も忘れないでくださいね」と思いっきり舌を出して言われたことも。たぶん地球での第一発見者の真似をしたのでしょう。

「まあ、それくらいなら大丈夫でしょう。たちの悪いカルト教団はステーションにはいないでしょうし、地球での行動までは監視されないでしょうから」

博士にそう言われて落ち着いたあなたは、そこで初めて、そういえば彼を見つけることができなかった、と思い出していました。

第6章

宇宙の創造者を知っていますか？

地球からやってきたメンバーが夕食を終えてブースでくつろいでいると、連絡用ディスプレイにステーションの職員の顔が映り、こう伝えてきました。

〈これからシアタールームで、プラネタリウムを上映します。本日のテーマは『誰が私たちをつくったのか』です。どうぞみなさまでお越しください〉

ステーションでは毎日、夕食後にこうした催しがあるのも楽しみの一つです。お題もなかなかそそられるので、みんなで観にいくことになりました。

「どんな内容なのかな。インフレーションか、元素合成の話かな?」

歩きながらポーキング博士が弾んだ声を出しています。

シアターの中に入ると、天井から足元まで360度、宇宙空間が映しだされ、こぼれんばかりの銀河や星が輝いていました。あなたはつい、「まるで宇宙の中にいるみたいだ」と言ってしまい「もともとそうだけど」と誰かに笑われます。やがてアナウンスが流れました。

〈ただいまより、上映を始めます〉

銀河や星が一つずつ消えていき、やがてすべてが見えなくなりました。まったくの暗黒です。

「時間を初期宇宙にまで戻したということだな」

隣で博士の声が聞こえたとき、ナレーションが始まりました。

水素とヘリウムの出会いをつくる「集会場」

〈ここは約138億年前の、まだ始まってまもない宇宙です。いまちょうどビッグバンが終わって、宇宙が膨張するとともに温度が冷えてきたところです。しばらくすると、空っぽだった空間に、ガス状のものが現れました。水素とヘリウムです。すべてはここから始まります〉

ナレーションとともに、真っ暗闇のところどころにほんのりと明るい部分が生まれ、綿菓子のようなものが頼りなげに漂いはじめました。第2章で、水素とヘリウムがビッグバン元素合成でつくられた最初の元素であることはお話ししました。

〈薄いガスはやがて、それぞれの重力で、お互いがお互いを引き寄せ、近づいていきます。しかしみんなシャイなようで、なかなか打ち解けることができません。自己紹介したり、話をしたりするきっかけをつくってあげないと、仲よくなるのは難しそうです〉

綿菓子があちこちから寄ってきて、ついたり離れたりを繰り返すさまに、そんなナレーションが重なります。「もの」を擬人化する科学コミュニケーションはどの惑星でも共通のようです。

〈このままでは、ガスどうしが親密になることはできません。それではこの宇宙で何も始まりません。そこで、ガスが集まって親しくなれる機会を提供する「集会場」のようなものが必要になってきます。

集会場を建設するには、どこの土地なら会員をたくさん集められるか、立地調査をする必要があります。その目印となるのが、宇宙が始まるときの急激な加速膨張（注：地球では「インフレーション」と呼ばれているもの）によってできた、密度の濃淡です。宇宙は均一に引き延ばされたようでも、わずかに密度の違いがあり、これを「原始ゆらぎ」といいます。密度が濃いところには物質が集まりやすく、薄いところには集まりにくいので、集会場の建設地は密度の濃いところを選ぶべきなのです〉

空間のあちこちに、小さくぼんやり光っているものがいくつも映しだされます。「原始ゆらぎ」の密度の濃い場所につくられた「集会場」でしょう。

〈こうして各地に集会場がつくられると、そこにたくさんの水素やヘリウムたちが集まって親しくコミュニケーションをとるようになりました。作戦成功です。やがて、宇宙の中では集会場の密度がひときわ濃くなっていきます。するとほかの場所からも、こっちが面白そうとの噂を聞いて水素やヘリウムが集会場にやってきて、ますますにぎわっていきます〉

集会場に綿菓子がいくつも集まり、光がだんだん強くなって輪郭がくっきりとしてきます。

〈集会場の水素とヘリウムは、ついに一つになります。そして、そのかたまりはどんどん重くなっていきます。さらにますます重くなって、ある質量を超えたとき……〉

集会場の一つが突然、まぶしいほど光りました。

〈星が生まれます。宇宙で最初の星です〉

　客席のどこかから歓声が聞こえました。ノリのいい惑星の人でしょうか。

〈こうして、宇宙に最初の構造が生まれました。あとはこの星が、さらにいくつも集まって銀河を形成したり、いくつも惑星をしたがえ、さらに衛星ができて、恒星系をつくったりして大きな構造となっていくわけです。これでおわかりのように、宇宙に構造ができるためには、水素やヘリウムが親密になるための集会場が欠かせませんでした。そしてこの集会場こそ、「ダークマター」と呼ばれているものなのです。ダークマターは、その怖そうな名前とは裏腹に、水素やヘリウムの出会いを導くキューピッドのような存在だったのです〔偏差値〕〉

　もちろん「ダークマター」は地球向けの訳語ですが、「怖そうな名前」がついているのはどの惑星も同じみたいです。そのあと映像は、ぐーっと引きになり、いま見ていた部分がどんどん小さくなって、周囲のものがどんどん映り込んできました。

〈いまは一つのエリアだけを紹介しましたが、同じような集会場は、宇宙の各地で設営され、星が生まれていきます。やがてたくさんの星が集まって、銀河を形成します。銀河どうしはさらに大きな銀河団という集団をつくります。では、最初に集会場となったダークマターはその後、どうなっているのでしょうか〉

　ここで、引きになっていた映像にたくさんの銀河や銀河団が現れると、それらの周囲が黒く縁取りされたようになり、さらにその縁取りがほかの縁取りと次々につながっていきました。

〈じつは銀河や銀河団が形成されるのも、ダークマターが土台の役割をはたして、星や銀河にまとまりをもたせているからなのです。ダークマターはこのようにしてつながって、宇宙全体にまるで地球のクモの巣のように広がった大規模構造をつくっています〉

アナウンスがこまかく各惑星向けにカスタマイズされているのには感心します。

〈地球のみなさんは、クリスマスツリーの飾りつけを想像してください。ダークマターがツリーに巻きつくリボンのように、宇宙空間の全体を網羅しています。そのリボンの内部で銀河が、まるでLEDライトのようにぴかぴかと光っている、そんなイメージが宇宙の大規模構造です。できれば頭のなかで、銀河から大規模構造まで一気にズームアウトして、再び銀河に戻るまでをイメージしてみてください。日常のささいな悩みなど、すっかり忘れられるかもしれません〉

ここで場内が明るくなりました。忘れたいことが多くて、と笑いながら隣のポーキング博士を見たら、なんとすやすやと眠っていました。その寝顔は、年齢相応のあどけないものでした。

世界をつくった「創造神」

前の章では、宇宙を加速膨張させて、遠い未来には宇宙の「破壊神」となってしまうかもしれないダークエネルギーを紹介しました。一部の信奉者は「創造神」と呼んでいたようですが、さすがにそれは無理があるでしょう。

しかし宇宙が始まった過去にさかのぼれば、星や銀河などの構造が形成されるうえで欠かせなかった、まさに「創造神」と呼ぶにふさわしい存在がありました。それがダークマターです。名前は似ていますが、両者のはたらきはまったくの逆です。ダークマターは過去に宇宙を創造し、ダークエネルギーは未来の宇宙を破壊するのです。

正体不明なところはダークエネルギーと同じに思えますが、前に述べたようにまったくの未知ではないので「不審者」というイメージです。たとえば、光と相互作用をしないので可視光では見えないこと、重力のみが作用することがわかっていて、元素表に名前が載っているバリオンとは異なる何か未知の粒子であろうと予想されています。

ただし「光と反応しない」というのがどの程度までなのかは、正確にはわかっていません。ひょっとすると、電荷が非常に小さい「マイクロチャージ」であるために相互作用しにくいだけである可能性もあります。もしこのモデルで説明できれば、これまでの粒子の拡張ということになりますので、だいぶ親しみが湧いてきます。しかし、その場合は電荷の大きさが電子の０・０１％以下という極微でなくてはならず、いまの地球の素粒子物理学では電子が電荷の最小単位とされていますので、残念ながらやはり、不審者であることに変わりありません。

いずれにしても、バリオンの物理をすっかり理解した文明なら、ダークマターは遅かれ早かれ気になってくるはずです。しかも宇宙の内訳でいえば約26%と、バリオンの5倍以上もあるのですから、どの宇宙人も必ず正体解明に乗りだしているでしょう。

「銀河ガチャ」を回そう

「わかりやすくて、面白かったですね」

シアターの出口に向かって歩きながら、地球メンバーの一人の生命科学者が言うと、

「いやあ、ちょっと物足りなかったなあ。ダークマターの正体にも少しはふれてほしかった」

とポーキング博士は不満そうです。眠くなったのはそのせいだったようです。

「まあ、コードがあるから難しいんでしょうけど」

コードというのは、ステーションから発信する情報に加えられる制限のことで、会員となっているすべての惑星が共有できている知見しか発信できないことになっているのです。だからプラネタリウムでも、ダークマターの正体について来場者が知らないことを教えるようなことはできないわけです。いまの作品が易しめだったのは、地球人に合わせたからと思われます。

ふとあなたは出口の横に、何かとても懐かしさを感じるものが置かれているのに気づきます。

何だったっけ、これ？　ようやく思い出したあなたは、思わず叫びました。

「ガチャガチャだ！　どうしてこんなところに？」

日本在住の読者の多くは、ガチャガチャをご存じかと思います。お金を入れてレバーをひねるとプラスチックのカプセルが出てきて、中にフィギュアなどのおもちゃが入っている、あれです。昭和のころからありましたが、その後、人気が再燃して、海外のファンも増えているという話は聞いていました。しかし、まさか宇宙でお目にかかれるとは！　音声説明が聞けるボタンを押すとこんなアナウンスが流れてきました。

〈ようこそ地球のみなさん。プラネタリウムはお楽しみいただけましたか。これはステーション特製の「銀河ガチャ」です。ぜひみなさん、レバーをひねってみてください〉

新参者の地球人をもてなしてくれているようですが、どうやってガチャガチャのことを知ったのか、そのリサーチ能力にはおそろしいものがあります。あなたがまずレバーをひねると、ころん、とカプセルが1個出てきました。よくあるものとは違って、真っ黒です。

ともかく全員が銀河ガチャをブースまで持ち帰り、あなたが最初に開けることになりました。みんな興味津々(しんしん)で見つめるなか、カプセルを両手で持ってひねると、パカッと分かれて、中身が現れました。それは拍子抜けするほど小さく、目玉焼きのような形をしていました（図６-1）。一緒に、地球語でこんな解説が書かれた紙も入っていました。

〈この小さな目玉焼きはみなさんの天の川銀河です。中心の黄身は巨大なブラックホールとバルジ、そのまわりの白身は銀河ディスクです。みなさんの太陽系は、白身の真ん中あたりにありま

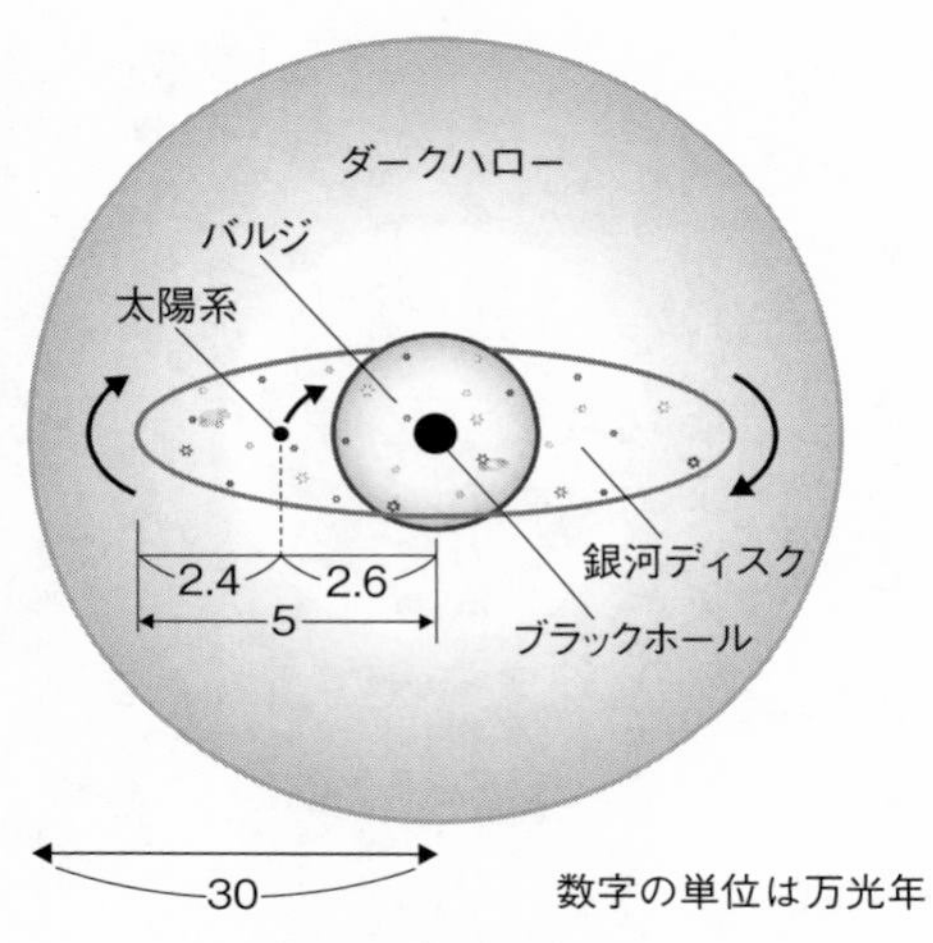

図6-1　銀河ガチャの構造

す。銀河は指で弾くと回りますので、遊んでみてください〉

目玉焼き銀河は不思議なことにカプセルの中で浮かんでいて、たしかに弾くとくるくると回ります。解説には続きがあって、どうやら銀河ガチャはカプセル自体にも意味があるようです。

〈黒いカプセルは、ダークマターで固められた『ダークハロー』と呼ばれる真っ黒な球体です**【偏差値】**。天の川銀河では、ダークハローの半径は約30万光年といわれています。銀河の半径は約5万光年ですから、その約6倍も離れたところをダークハローが囲んでいるのです。そして銀河の星たちはダークハローに引き留められているので、回転しても飛び出していかないと考えられています。

なお、中心のブラックホールの質量は太陽の約400万倍です。銀河全体の質量は、この銀河ガチャ全体の重さに相当します。そのおよそ9割は目に見えないダークマターの質量です**〔偏差値〕**。宇宙全体では、ダークマターの質量の割合（約26％）はバリオンの質量の割合（約5％）の約5倍ですが、銀河内ではもっと差が大きくなり、天の川銀河の場合、ダークマターの質量はすべての星（バリオン）の合計質量の10倍以上にもなるといわれています。いかがでしょう。見えないダークマターについて、よりイメージできるようになりましたか？〉

ポーキング博士は「どうもやさしい説明ばかりだな。地球人は少しなめられているのかな」などと言いながら、熱心に銀河をくるくる回しています。

「でも私の国のように学校でダークマターを教えないところもあるから、しかたないのかも」

あなたと一緒に日本から来た言語学者がそう返すと「そうなんですか！」と驚いています。

ここで私からも、ぜひ学校でもきちんと教えてほしいダークマターの話をしたいと思います。

太陽は銀河を回っている

銀河のすべての星は、ダークマターの腹の中にすっぽりと飲み込まれた状態で、この小さな円盤の中をあくせくと回っています**〔偏差値〕**。地球が太陽の周囲を公転しているように、太陽も銀河の中心にあるブラックホールの周囲を、8つの惑星を引き連れて公転しているのです（図6

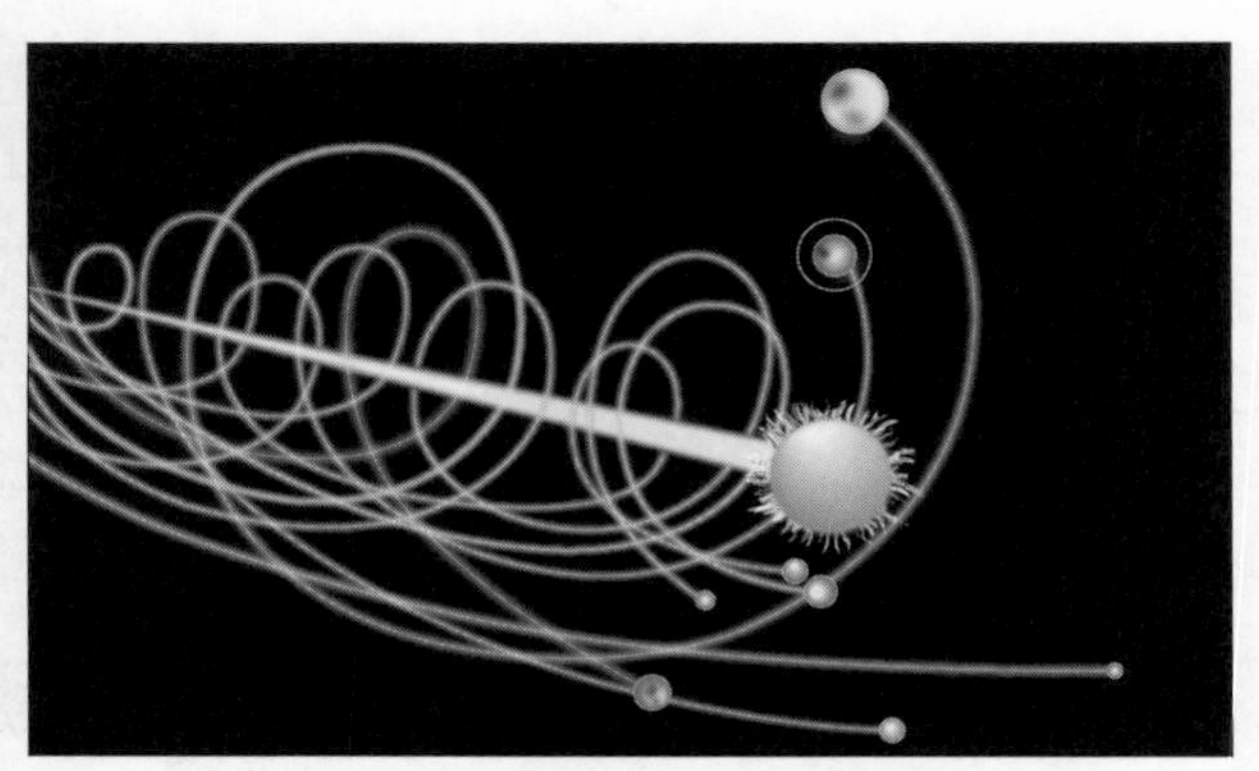

図6-2　８つの惑星を引き連れて銀河を公転する太陽

-2)。ダークマターの手の上で踊らされているとも知らずに。その速度は時速約80万km、秒速では約220km。世界最速ロケットの3倍以上です。すべての恒星の回転には決まった固有速度というものがあり、秒速10kmから1000kmで、銀河の北側（地球の北極側）から見ると時計回りで回転しています。一周にかかる時間は約2億年から2・5億年と見積もられていて、太陽は約2・5億年とされています**【偏差値】**。太陽が誕生したのが約46億年前ですから、すでに18周くらいは回っていることになります。われわれにとっては絶対的支配者である太陽さえ、銀河ではありふれた星の一つなのです。

YouTubeで「太陽」「らせん運動」で検索すると、猛スピードで進む太陽と、その周囲をらせん状に回りながら健気についていく8つの惑星たちの姿を見ることができます。

　太陽系の全質量の99・９％は太陽が占めています【偏差値】。宇宙は重さがすべてなので、８つの惑星はまるでゴミやほこりのように、ただただついていくだけです。ジェットコースターのような激しいらせん運動をしながら、地球も懸命についていっているのです。まさにわれわれもジェットコースターの上で生活しているようなものです。地球が銀河面からどれだけ遠ざかるかは、季節によって変わります。たとえば北方向に最も遠ざかるのは春分のころで、そのあと夏にかけては、ジェットコースターでいえば最大の楽しみである降下に相当します。あなたが春に浮かれた気分になるのも、ひょっとしてこれと関係があったら面白いですね。

　銀河内のこの星たちの状況は、まるで高速道路を走る自動車のようです。あなたの車の窓からみえるほかの車を線で結んだものが、星座です。だから、できたと思った次の瞬間には、それぞれの車の速度が変化したりカーブしたりして、相対的な位置関係も変わってきます。私たちが変わらないと思っている星の並びも、一瞬たまたまそう見えただけの刹那（せつな）的な図形なのです【偏差値】。あの北斗七星も10万年もたつと、肉眼ではっきりとわかるほど形が変化します。

地球人の宇宙観を変えた３つの大発見

　もしも、地球人の宇宙観を劇的に変えた偉大な発見を３つ挙げてくださいといわれたら、私は次のものを選びたいと思います。

（1）私たちの銀河のほかにも銀河があったこと
（2）銀河では、見えない物質が質量の大部分を占めていること
（3）私たちの太陽系以外にも惑星があったこと

このうち（3）についてはスイスの天文学者ミシェル・マイヨールとディディエ・ケローが、1995年にペガスス座51番星bを発見した功績で、2019年にノーベル賞を受賞していますが、それ以外の2つは、地球人の宇宙観に決定的転機をもたらしたものなのに、ノーベル賞に選ばれていないのです。これはなかなか不思議なことだと思っていますので、少し私の考えを述べさせていただきます。

（1）は、じつにすごい発見だと思います。それまで、この天の川銀河が世界のすべてだと思っていたのに「銀河はほかにもある！」と、まさに別世界を発見したことに相当するからです。天動説から地動説へ、という世界観の変容に匹敵するか、あるいはそれ以上といえると思います。見つかったのは、天の川銀河からいちばん近いアンドロメダ銀河です。メシエカタログ番号はM31、距離はおよそ250万光年もの彼方です【偏差値】。歴史的には古くから、アンドロメダ座の方角に「何か雲のような塊がある」ことはわかっていました。肉眼でも、およそ満月の5倍ほどの大きさにぼんやりと見えるのですが、ずっと星団か星雲にすぎないと思われていました。まさかこれが、はるか遠くの別世界の姿であるとは想像もできなかったのです。

この発見をしたのが、アメリカの天文学者エドウィン・ハッブルです。1924年にアンドロメダ銀河までの距離を測定して発表した彼は、さらに1929年には、宇宙が膨張していることを発見して、「ハッブルの法則」を発表しました。すさまじい業績を2つも立て続けに成し遂げたハッブルは、しかし、ノーベル賞を受賞することはありませんでした。内定していたところ、無念にも寿命が尽きてしまったともいわれていますが、非常に残念だったことでしょう。これだけの偉業をなぜもっと早く評価できなかったのかと悔やまれます。

（2）は、まさにダークマターの観測的証拠の発見です。宇宙観の変貌としては、これも非常にインパクトがありました。「見えている世界がすべてじゃない！　見えない世界があるんだよ」と、まるで詩人が言いそうな世界観の変化です。

歴史的には、1933年にツビッキー博士が、かみのけ座銀河団の中にある銀河の運動速度を測定し、全体の質量と合わないという矛盾を指摘しました。なぜ速度から質量が見積もれるかというと、ニュートンの万有引力を用いて運動方程式に入れれば、速度と質量の関係がわかるからです。地球を回る人工衛星の速度を求める式も同じで、第一宇宙速度とも呼ばれています。ざっくりと言うと、このような重力による回転運動の場合、その速度は、中心にある地球の質量をMとすると、$\sqrt{M}$に比例して大きくなります。ツビッキーはこの計算により、見える物質の質量の約400倍もの質量の見えない物質があることを指摘したのです。

それから約40年後、ルービンという女性天文学者がアンドロメダ銀河内で、同様に公転運動する星の速度から見えない物質の質量を見積もりました。常識的には、銀河内を回る星の公転速度は、銀河の中心から離れている星ほど、遅くなるはずです。ところが、いくら中心から遠くに離れても、公転速度は一向に下がらないのです。これは、見えない物質が銀河中心から離れるほど、多く分布していて、銀河に速度を与えていることを意味しています。この値を正確に見積もった結果、見えない物質は見える物質の10倍ほど存在することがわかったのです。これは天の川銀河のダークマターとバリオンの割合に近い値になっています。

その後、ダークマターの存在を示す間接的証拠はいくつも観測され、現在では、重力レンズと呼ばれる観測方法で正確に、「見えない世界が可視化」されています。重力は光を曲げてしまうので、ダークマターの大きな塊が宇宙にあると、その後方にある天体からの光を歪めて私たちに届けます。この歪み具合から、見えない物質の地図を作成することができるのです。

その正体はさておき、ダークマターは仮想的な物質ではなく、量も場所も特定されている、確実に存在する可能性が高い実体であることが、わかっていただけたと思います。しかし、これらの貢献すべてに対して、一つもノーベル賞が与えられていないのは、本当に不思議です。おそらく、いつか直接観測が達成されれば、ようやく大々的に受賞が発表されるのでしょうが、これだけ証拠が挙がっているのにいまだ受賞者なしとは、じつにじらすものだと私は思います。

いっそ、まったく中立な立場の宇宙人に、純粋に宇宙観への貢献度から審査してもらえたら、より公平な賞になるかもしれません。もっとも電話が鳴って受賞を知らされた次の瞬間には、審査員の惑星に連れていかれるかもしれませんが。

ダークマターの正体は？

ではここで、ダークマターの正体について、地球人が２０２１年現在、どこまでわかっているかをお伝えしておきましょう。

まず、よくある誤解として、ダークマターが暗黒であることから、正体はブラックホールではないかという考えがあります。当初は有力候補と考えられていましたし、いまでも、一部のブラックホールは、ダークマターの量として誤って見積もられている可能性はあります。しかし、ブラックホールは光と反応しますし、あくまでバリオンである星の超新星爆発で形成されるものです。そう考えると、バリオンの５倍にもなるダークマターを、ブラックホールだけではまかないきれないことがわかってきました。

では現代の物理学では、どう考えられているのでしょうか？　いくつかの素粒子が候補として挙がっていますが、どれも決定打がない状況ですので、軽く眺めていただければと思います。

まず、現在の標準的な素粒子モデルには該当するものがないので、何か拡張した、新しい高エネルギーの物理に頼るという考えが浮かびます。その一つとして有力視されているのが、第4章でもふれた超対称性に絡めるアイデアです。

もし超対称性というものが実在しているのなら、ある粒子には必ずパートナーとなる粒子が存在します。そこで、現在見つかっている粒子に未知のパートナー粒子があると仮定して、それを候補とする考えです。具体的な候補としては、力を媒介するボソンのパートナーのうち、電荷がない（電気的に中性な）「ニュートラリーノ」という粒子が考えられています。電荷があると、光と反応してしまうので、電荷がなく質量が比較的大きければ、ダークマター粒子の候補となりえるわけです。名前の最後の「リーノ」は、超対称性パートナー粒子につくイタリア語の接尾辞です。なんだか響きが可愛くなりますね。なお、ニュートリノはこの粒子とは無関係です。

ほかに似たような超対称性パートナー粒子として、重力を媒介する重力子のパートナー粒子もあります。これは「グラビティーノ」と呼ばれています。ただ、重力子そのものが未発見なのにその相方を出されても……という印象はあります。近年は宇宙のガンマ線を観測するフェルミ衛星が、グラビティーノがダークマターなのかを観測的に証明する実験を計画しています。

2020年に、ダークマター観測に関する面白いニュースが流れました。XENON（ゼノン）という実験プロジェクトにおいて、地下に約3トンにもなる液体キセノンの水槽を設置した実験装置で、ダークマターの候補である「アクシオン」と呼ばれる粒子が崩壊する様子を観測した可能性があるというのです。アクシオンとは、「強い力」についての実験で現れた「ＣＰ対称性の破れ」、すなわち自然界でごく少しだけ対称性が破れているという現象が、なぜ起こるのかを理論的に説明しようとするときに導入される仮想粒子です。太陽からも、このアクシオンが出ているというシナリオが考えられていて、それを観測したかもしれないというニュースだったのです。

その真偽はまだ議論されている最中ですが、これがもし確かなことなら、地球人はようやくダークマターの直接観測をなしとげたことになります。そうなれば、ポーキング博士が地球人はなめられている、とぼやくこともなくなります。今後の進展に期待したいですね。

「暗黒人」はいるのか？

ところで、シアタールームには今後の上映予定のチラシが置いてあって、あなたはそこから持ってきた1枚をあらためて見ています。タイトルには『暗黒人の襲来』とあるので、ＳＦ映画でしょうか。それ以上のことはよく読み取れないのでポーキング博士に見てもらいました。

「ダークマター世界に暗黒人が存在するというお話みたいです。われわれの『光』にあたるものはダークマター世界には存在するのか？　『星』はあるのか？　『生命』はいないのか？　あなたの宇宙観をくつがえす！　みたいなキャッチコピーがついてますね。荒唐無稽のようですが、実際にバリオン世界がこれほど豊かな構造をもっているのですから、その5倍以上の規模になるダークマター世界に暗黒人がいる可能性がないとは言い切れませんよね。もしいたら、姿はやっぱり真っ黒なのかな。いや、そもそも光と反応しないのだから透明人間に近いのかもしれないな。まあ、仮に存在しても、コンタクトすることは不可能に近いでしょうけど」

そして、少しため息をつきながら言いました。

「地球人はやっと、同じバリオン世界の違う惑星と交流できるようになったところなのに、宇宙ではもう、バリオン世界とは別の世界にまで関心が向かいはじめているんですね」

第7章 宇宙最古の文書を知っていますか？

じつにいろいろなことがあった初日を終え、ステーション滞在2日目。きょうのお楽しみの場所にあなたは到着しました。目の前にある古色蒼然とした建物は、惑星際宇宙ステーション附属宇宙考古博物館。宇宙に初期文明が誕生してからの各惑星の、さまざまな貴重な資料を蒐集している宇宙最大の博物館です。受付の周囲にも、歴史を感じる美術品がいくつも並んでいます。

この博物館の奥深くには、ある古文書が静かに眠っています。ふだんは厳重に保管され、公開されることはありません。そこには宇宙開闢のときの記録が克明に綴られているというのです。まさに宇宙の「聖典」であり、現存するあらゆる文書のなかで最古との鑑定結果も出ています。これを一目拝むためだけにステーションを訪れる宇宙人もいるそうです。あなたは、きょうその「聖典」が特設展示される日であることを調べていて、絶対に来ようと決めていたのでした。

しかし、受付に人が誰もいません。「すみません！」と何度か呼ぶと、突然、そばにある観葉植物と思っていた木が目を開き、しゃべりはじめました。

「なんだい。大きな声出してうるさいね。さっきからここにいるよ」

腰を抜かしそうになりながらチケット1枚、と言うと、翻訳語から女性とおぼしきその人は、

「あんた運がいいよ。きょうは特別な日だからね。そっちを見るのかい。ならついておいで」

と植木鉢のような椅子から立ち上がって鍵を持ち、大根のような足で歩きはじめました。

「あんた、地球人かい？」「どうしてわかるんですか」「顔がつるつるだからさ」

なまじ地球人に似ている人には懲りたあなたは、むしろ安心感を覚えました。

「最古の聖典」の正体

聞いていたとおり「聖典」が眠っているのは建物のずっと奥でした。いいかげん歩き疲れたところで、受付の人は「ここだよ」と言い、いかにも重そうな扉に鍵を差し込みました。

扉が開いたとたん、「うわっ」と思わずあなたは叫びました。とてつもなくまぶしい光が目に飛び込んできたからです。ようやく目が慣れてからよく見ると、それは大きな放電管のようなものから出ている光でした。受付の人があなたの様子を見て笑っています。

「なんだ、驚いてるのかい。紙に字が書いてあるとでも思ってたか？」

「こ、これは？」

「宇宙でいちばん古い文書だよ」

「ええっ⁉」

なんと、宇宙最古の「聖典」は、光でした！

「解説してあげようか？　有料だけど」

「お願いします！」と頼むと、受付の人は解説を始めました。

「いま、あんたが浴びたのは、宇宙最古の光。最古というのは、原理的に、宇宙にはこの光よりも古い光は存在しないという意味ね。そしてこの光には、宇宙の最初のさまざまな情報が記録されている。だから『宇宙最古の文書』といわれているわけ。私たちの博物館では、この光を増幅しながら、消えないように保存しているの」

ここからの受付の人の話は、現在の地球でも解明されていることのようです。そこで、読者のみなさんには私が引き継いで、地球のこともまじえながらお話ししましょう。

光の「独立記念日」

まずは、宇宙のはじまりの歴史をビッグバンから、簡単に振り返ってみましょう。

ビッグバンで高温・高密度の火の玉のようになった宇宙は、その後の膨張によって、しだいに温度が下がっていきます。最初は、光や物質（バリオン）の粒子が混じりあっていたのが、やがて分離して、温度の低下とともに安定化します。たとえば陽子と中性子も形成され、それらの数も安定してきます。こうしてビッグバンからおよそ20分後には、最初の元素である水素とヘリウムがビッグバン元素合成によりできます。このあたりのことは第2章でもふれました。

できた直後の水素やヘリウムは電荷をもっているため、光と強く結合しています。光の立場からすれば、これらのガスにからみつかれて自由に身動きができない状態です。そのために、宇宙に光はなく、暗いままでした。

ところが、ビッグバンからおよそ３０００年がたったころ、まずヘリウムが、光と分離して、中性化します。水素は元素合成でできたガスの7割に相当するので、光との分離に時間がかかりましたが、ビッグバンから約38万年後には完全に分離して、中性化しました。こうしてようやく光は自由になり、宇宙空間にいっせいに放たれたのです。

これを宇宙の「晴れ上がり」といいます。文字どおり、真っ暗な宇宙が晴れわたった瞬間で、「宇宙の夜明け」といったところでしょうか。光からすれば、長かった拘束が解かれ、ようやく自由になれた「独立記念日」とでもいうべき特別な日であったことでしょう。そして、このときに最初に宇宙に飛び出した光こそが、原理上、「宇宙最古の光」といえるのです〔偏差値〕。

地球にも届いた「歓喜の光」

宇宙のあちこちに飛び出した、歓喜に満ちた光子たちは、百数十億年もの旅を続けます。そしていくつかは、天の川銀河の「郊外」にある太陽系にまで達し、さらにいくつかは、その第3惑星である地球に達しました。そのとき、たまたま地球に存在していた知的生命が、それらの光子たちをキャッチすることに成功したのです。その日は、地球でははっきり記録されています。１９６４年のことでした。

アメリカのベル研究所に勤務していたアーノ・ペンジアスとロバート・ウッドロウ・ウィルソ

ンは、アンテナの雑音を減らす実験の最中に、ある奇妙な雑音を受信しました。もしも違う人たちが受信していたら、ただの雑音ですから気にもとめなかったはずです。しかし、たまたま2人は、雑音を除去する仕事の最中でした。彼らは考えられるすべての雑音の原因を取り除きました。アンテナについたハトの糞も、「白い誘電性の物質」とみて除去しました。これほど真面目に、雑音の原因に向き合ったからこそ、世紀の大発見へとつながったといえます。地球人にとっても、あるいは長旅の末に発見してもらえた光子にとっても、じつに幸運でした。

ビッグバンの痕跡としてこのような光が存在していることは、その約20年前にジョージ・ガモフが予言されていました。ペンジアスとウィルソンによってこの光がまさにそうであることが突きとめられ、光はビッグバン仮説を実証する観測的証拠となっていったのです。2人はこの業績により1978年にノーベル賞を受賞しています。

「で、地球ではこの光をなんて呼んでるんだい？」

解説をしてくれている受付の人が、あなたに質問してきました。

「宇宙背景輻射です」

あなたは日本での呼び名を答えました。すると、受付の人が顔をしかめます。

「え？　なんだって？　翻訳機がなんて言ってるのか聞き取れない」

「うちゅう、はいけい、ふくしゃ！」

「だめだ。なんでそんなややこしい名前にしたんだい。ほかに言い方ないの？」

「ああ、Cosmic Microwave Background、略してＣＭＢってのもあります」

「まだそっちなら聞き取れるね。さっきのはほかの名前を考えなさい」

たしかに日本人にとっても、「宇宙背景輻射」という名前はいささか固く、そのため宇宙の本を読んでいてもこの言葉が出てくると、なんとなく面倒くさくなってくる人もいるようです。

まずいちばんなじみがない「輻射」とは、光のことです。なんだ、簡単ですね。そして重要なキーワードが「背景」です。この光は、最初に宇宙にいっせいに放たれたものなので、私たちに届くときも、特定の場所から飛んでくるわけではありません。空のあらゆる方向から、同じ強さで飛んでくるのです。私たちにもっと近いところには、星やそのほか、光源（電波源）となる天体がたくさんあります。それらからの光をすべて除去しきったとき、初めて見えてくる「背景」が、この光なのです。英語では「Background」です。いかがですか。これで、この言葉への苦手意識はなくなったのではないでしょうか。

英語では、Cosmic（宇宙）＋Microwave（マイクロ波）＋Background（背景）＝ＣＭＢと、この光がマイクロ波であることもきちんと表現されています。光は波長によってガンマ線からＸ線、可視光などに分かれていて、マイクロ波は波長が１㎜から１ｍと短い光です。なお「マイクロ」は10のマイナス6乗という意味ですが、マイクロ波の波長が10のマイナス6乗mというわけではありません。

地球で代表的なマイクロ波には、電子レンジに使われている光があります。この波長の光を食材にあてると、中の水分子が熱振動して、ほっかほかになるわけです。ほかに身近なものでは、携帯電話の波長は10cm程度で、FMラジオが1m程度です。

以下は受付の人にも聞こえやすいように、宇宙背景輻射をCMBと呼ぶことにしましょうか。

CMBは宇宙の温度計

では、なぜCMBが宇宙のはじまりを物語る「聖典」とされるのでしょうか。それは、CMBの温度が「宇宙の温度」として定義されているからです。

じつは温度というものは、測る対象が、「熱平衡」といってどこでも熱を均等にもっている状態でないと、定義できません。宇宙は成長するにつれ、銀河などの構造ができる熱い場所と、まったく何もない冷たい場所が生まれ、熱平衡ではなくなってしまっています。これでは温度が決められません。そこで、それ以前のまだ宇宙が熱平衡だったときに飛び出したCMBの温度を、宇宙の温度として利用するのです。つまりCMBは、宇宙の「温度計」の役割を果たしているわけです。

光はそれぞれの光子が温度の情報をもっていて、時間がたってそれらが宇宙空間に広がっていくと、温度が下がります。つまり、光の温度はその時代の宇宙の大きさに反比例するので、宇宙の歴史を知るうえで重要な指標となるのです。

宇宙に放たれた当時のＣＭＢは、温度が約３０００Ｋ（ケルビン）でした。３０００Ｋは通常の摂氏温度では、約２７２７度もの高温となります。これが１３８億年もたって、現在の私たちに届いたときには、いったいどうなっていると思いますか？　２・７Ｋ、つまりマイナス２７０度という極低温です。光子は長旅の末に、すっかり身体が冷えきってしまっています。ほぼ絶対零度に近い低温です。密度でいえば、１立方cmあたり、だいたい光子が４００個程度になっています。

あなたの手のひらにも、宇宙から届いた最古の光子たちが、これぐらいの数、歓喜の舞を踊っているかもしれません。では、そんな宇宙最古の光には、いったいどんな秘密のメッセージが隠されているのでしょうか。いよいよ古文書を読み解く作業を始めます。

「古文書」の解読でわかること

光は、宇宙空間を旅することで、そこにあるさまざまな情報をサーチしてくれます。宇宙の構成、膨張速度、年齢から形状まで、そのラインナップはじつに豊富です。

とくにCMBの温度分布を読み解くことで、第5章で見た「状態方程式」のように宇宙の構成要素を分類できます。第1位のダークエネルギーから始まる、宇宙の物質・エネルギーランキングが明らかになるのです【偏差値】。また、宇宙の形状が平坦であることや、宇宙の年齢が138億年であることも、やはりこの光の古文書に書かれているのです。

では、地球人はこの古文書をどのように読み解いてきたのか、少し振り返ってみましょう。

1992年から運用を開始したCMB観測衛星「COBE」は、CMBの振幅を正確に測ることに成功し、この業績によってジョン・マザーとジョージ・スムートが2006年にノーベル賞を受賞しています。CMBでの受賞はペンジアスとウィルソンに続いて2度目です。通常、ノーベル賞は1つの現象について一度の受賞が基本なのですが、CMBは特別な例外でした。似たものに、人間のDNA解析があります。

光としてはずっとそこにあり、つねに宇宙から届いているのに、CMBの観測と解読には地球人の側に技術向上が求められます。2003年から2010年まで運用された観測衛星「WMAP」は、本格的にこの光をより詳細に解析し、スペクトル分解に成功します。これにより、ダークエネルギーとダークマターの割合が高い精度で見積もられました。この業績はノーベル賞は受賞していませんが、してもおかしくないほど偉大な進展でした。古文書でいえば、それまでは古代文字の羅列でしかなかったものが、意味のわかる文章として翻訳ができるようになったのと同

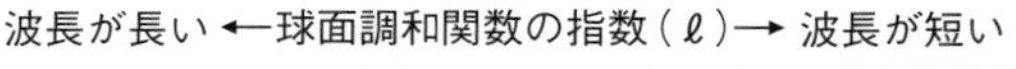

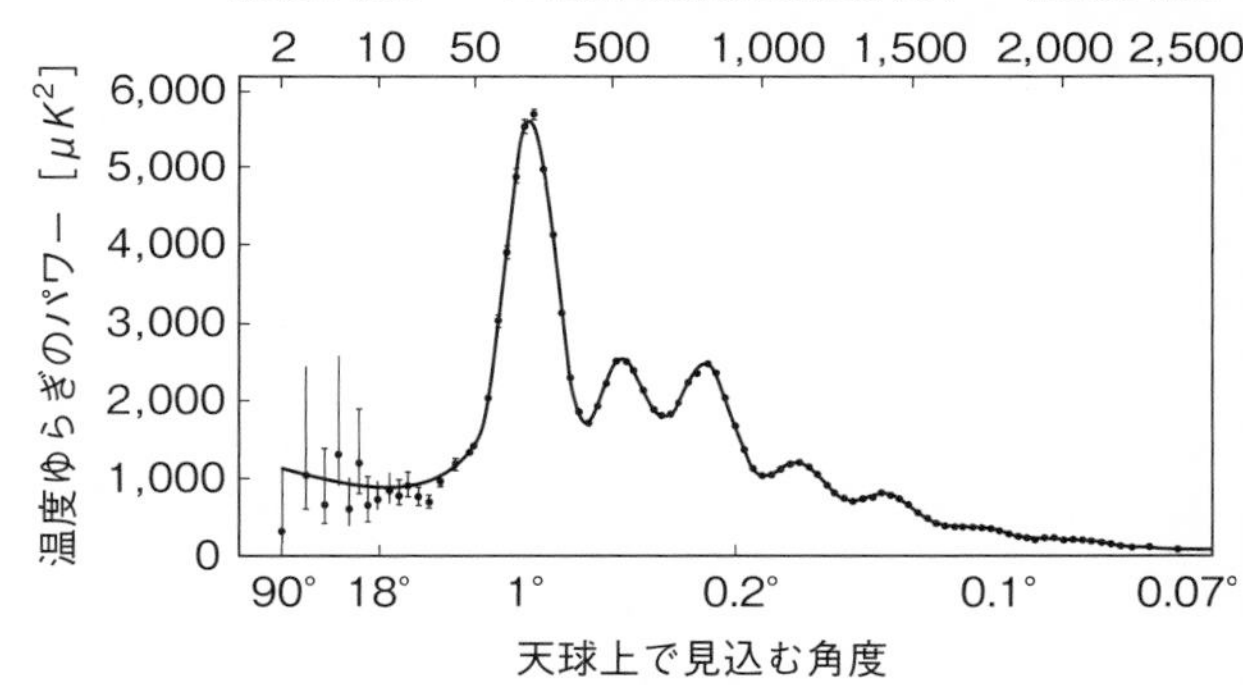

図7-1　Planckが観測した最新のCMBの波形スペクトル
大きなピークが３つある

じです。その後継衛星である「Ｐｌａｎｃｋ」は、２００９年から２０１５年まで、その文章のさらに詳細な解読に取り組み、現在では解読作業は９割方は完了しています。唯一、「偏光」というテーマは未解決ですが、それ以外はほぼ解読できたのです。

Ｐｌａｎｃｋが観測した最新のＣＭＢの波形スペクトルをご覧ください（図７‐１）。

スペクトルは通常、横軸に振動数や波長が表れます。左から右へいくにしたがって、どんどん波長が短くなり、細かい情報になるというイメージです。

波形には、大きく３つのピークがあるのがわかると思います。光も音も波なので、もしこのスペクトルを音とみなすと、さしずめ自由を手にした光子が歓喜の「万歳三唱」を叫んでいるというところでしょうか。

では、この波形からいったいどうやって宇宙の情報が得られるのでしょうか。

たとえばこの波形は、宇宙の構成要素の量が変わると、変化します。そこで、どのようなときにどのように変化するかを、理論的に求めておきます。その結果、第1のピークでは、バリオンの量が増えると、上に移動することがわかっています。ダークマターの量が増えると、下に移動します。また、第2のピークでは、どちらの場合も下に移動します。

このような理論波形を実際の波形と比べることで、バリオンとダークマターの量がわかるというしくみです。いわばCMBから、宇宙の「個人情報」が暴かれるわけです。宇宙の科捜研では、DNA鑑定よりCMB鑑定のほうが重要なようです。

インフレーションは本当にあったのか?

しかし、じつはCMBの解読では、宇宙の「個人情報」よりもさらに価値がある情報が得られるのです。それが初期宇宙についての情報です。初期宇宙とは「ビッグバン以前」のことです。

宇宙はビッグバンから始まったというイメージが強いのですが、実際には、その前の1秒にも満たない極限状態の宇宙で起こったことこそが大事なのです。ダークマターやすべての素粒子が生まれたのも、力が分岐して4つになったのも、ダークエネルギーの値が決定されたのも、すべてはこの一瞬のできごとが鍵を握っています。それが「インフレーション」です**〔偏差値〕**。

インフレーションとは宇宙の加速膨張のことで、日本の佐藤勝彦と、アメリカのアラン・グースがそれぞれ別々に1981年に提唱した、宇宙創成を記述した理論です。それは、宇宙は誕生して10のマイナス36乗秒後から10のマイナス34乗秒後というきわめて短い時間に、10の26乗倍に膨張したというものです。つまり原子核サイズから太陽系サイズにまで、ゼロにひとしい時間で引き伸ばされたというのです。とんでもない膨張ぶりです。第5章でお話ししたダークエネルギーとインフレーションは、ともに宇宙を加速膨張させるのです【偏差値】。

では、なぜ宇宙がこのような膨張をしたと考えたかというと、ビッグバン理論が抱えていたいくつかの問題を解決するためでした。

じつはここで、私も受付の人にぜひ聞いてみたいのです。

「あなたは宇宙のはじまりを知っていますか？」と。

ポーキング博士の講演にもあったように、重力についての一般相対性理論は、どの惑星の文明にとっても一つの到達点であろうと思っています。最終形態かどうかはわかりませんが、少なくとも一つの完成形です。ここまで到達した文明なら必ず、ビッグバン宇宙と同様のシナリオに行き着くはずです。観測的証拠も、地球でいうところのCMB、ビッグバン元素合成、ハッブルの法則などが見つかっているはずです。宇宙がよほど、場所ごとに状況が違うということがないかぎり、どの宇宙人も同様の観測をするはずだからです。

しかし、ビッグバン以前の「宇宙のはじまり」のシナリオとして、どの惑星の宇宙人もインフレーション理論を考えるかといわれると、自信がないのです。もちろん、これから挙げるいくつもの難題をシンプルなアイデアで解決できることから、地球では現状は宇宙創成の標準モデルと考えられてはいるのですが、よりよいシナリオや、適切な宇宙モデルがあるのではないかという思いもぬぐいきれません。

この博物館はステーションの管轄なので、発信する情報にはやはりコードがあるはずです。もしもインフレーションはなかったという結論になっているとしたら、質問をしても受付の人は、それこそ木のように何も答えず、黙っているのでしょう。それを見るのも怖いですね。

インフレーション理論の真骨頂

では、インフレーション理論は宇宙のはじまりのどんな問題を解決してくれるのでしょうか。代表的な例をひとつ挙げましょう。

前の章で見たプラネタリウムで、宇宙に星や銀河などの構造が形成されるための最初の材料が「原始ゆらぎ」だったことは解説されていましたね。では、この原始ゆらぎの起源は何なのか、という問題があります。インフレーション理論では、原始ゆらぎをつくりだし、すべての構造の起源を生みだす鍵を握っているのが、インフレーションであると考えるのです。

さきほど、現在のCMBの温度は2・7Kであるとお話ししました。しかしこれは全体では、ということで、細かく見ると場所によって温度にはムラがあります。少しだけ高いところ、少しだけ低いところがあるのです。この「少しだけ」がどれほどかというと、2・7Kに対して、約10のマイナス5乗の違いになります。じつに微量なゆらぎです。

しかし、このわずかであってもゼロではない小さなゆらぎから、銀河や星といったすべての構造ができてくるとしたら、じつに愛おしい気もしてきます。

ビッグバン理論が抱える矛盾点のほとんどを「急激な膨張」というアイデアだけで解決してしまえるとされるインフレーション理論ですが、じつは、この原始ゆらぎを初期宇宙に与えられることこそが、理論の真骨頂であり、支持されている最大の理由なのです。

とはいえ、じつはインフレーション理論には、確定したモデルがあるわけではありません。質量はこれくらいで……といった細かい設定は決まっていないのです。言ってしまえば「宇宙を加速的に膨張させる」性質をもったモデルがあればインフレーションはつくれるので、理論というよりも、アイデアやシナリオに近いのです。

逆に言えば、観測からどのようなモデルが適切かを選定する必要があるということです。それができて初めて、ビッグバン以前の宇宙モデルが完全にわかったことになるのです。

そのためには、ＣＭＢのほかに、もう一つ、解読しなければならない「古文書」があります。

宇宙のはじまりを明かすもう一つの「聖典」

宇宙考古博物館であなたは、いま至福の時を過ごしています。特設展示されている「光の聖典」ＣＭＢは、解読されたデータが言語化されて、翻訳システムを使えば誰でも読めるようになっていました。さすがの技術です。つまり、ＣＭＢに記録されている宇宙１３８億年の歴史を、手にとるようにして追いかけることができるのです。こんな面白い読み物があるでしょうか？

読みやすく各章に分けて整理されている真実は、あなたが知っている地球でのＣＭＢ発見の歴史とリンクしています。このときの光をペンジアスたちがキャッチしたんだ！　この章の内容はまさに「ＷＭＡＰ」の観測結果と同じだ！　などと、宇宙の「聖書」を自分たちの言葉で読み解くことができる興奮が収まりません。

いったい何時間、読みふけっていたのでしょうか。とうとう最後の章になってしまいました。そこには「偏光の章」という章タイトルがついています。さきほども少しふれましたが、じつはここだけは地球でも最後の課題として残っているのです。だから本来ならコードに引っかかって見られないのですが、あなたはどうせなら見てしまいたいという衝動を抑えられなくなってきました。受付の人をちらりと見ると、待ちくたびれたのか目をつぶっていて、本当に木にしか見えません。だいたい地球の科学レベルなんてこの人にわかるんだろうか？　いいや見ちゃえ！と、あなたが章を開こうとした瞬間、あなたの手に植物のツルのようなものがからみつき、受付の人のものすごい大声がしました。

「こらあっ！　そこは地球ではまだだろ！　ルール違反は強制送還だよ！」

宇宙に来てまで怒鳴られて、すっかりしょげてしまったあなたを、受付の人は気の毒に思ったようで、こんなことを言ってくれました。

「じつは、ここにはもう一つ、『聖典』があってね。ＣＭＢよりもっと古くて、ふだんは公開してないんだけど、ちょっとだけ見てみるかい？」

あなたはにわかに生気を取り戻しました。

「あ、その前にひとつ確認。地球でも重力波は観測されているみたいだけど、それはいつだった？　いま年代の資料が手元になくて」

「えーと、最初の検出は地球暦で２０１５年でした」

それを聞いて、受付の人は残念がりました。

「あー、そんな最近なのかい。だったらまだ無理だね。もっと観測の技術を上げなきゃダメだ。残念でした、またどうぞ」

重力波とは、アインシュタインの一般相対性理論で予言された「時空のさざ波」です。それはあまりにも弱いシグナルなので検出不可能かとも思われましたが、地球人はあきらめずに取り組みつづけ、ついに直接観測に成功しました。検出された空間のゆらぎは、なんと10のマイナス21乗mという小ささでした。

しかしシグナルが小さいために重力波は、ほかの物質とほとんど相互作用せず、透過してくることができます。短所は長所でもあります。したがって原理的には、光がまだ物質にとらわれていて自由ではなかった最古の宇宙からの重力波も飛んでいるので、それをつかまえれば最初期の宇宙の情報を明らかにすることができるのです。まさにインフレーションが始まるとき、つまりは宇宙創成の解明です **〔偏差値〕**。

地球人の重力波観測は初観測から2021年までに10例ほど報告されています。ただし、それらはすべて、いまお話しした最古の宇宙の情報をもつ重力波ではありません。質量が大きいブラックホールや中性子星の連星からの重力波であり、初期宇宙からきたものではないのです。

初期宇宙からの重力波を、これらと区別して、地球では「宇宙背景重力波」と呼んでいます。CMBと意味合いは同じで、ほかのあらゆる重力波を取り去ったあとに背景として残る重力波という意味です。いわば重力波の「雑音」ですね。

博物館の受付の人に言われるまでもなく、この重力波を検出しなければならないことは、地球人も身にしみてわかっています。じつは一度だけ、そこに近づいたことがありました。

２０１４年、アメリカの観測プロジェクトが宇宙背景重力波を初観測したというニュースが、衝撃とともに世界中に流れたのです。当時、私はケンブリッジ大学に在籍していて、ホーキング教授がその第一報にものすごく興奮していたのを覚えています。しかし、結果的には誤りであったことが翌年に判明しました。

じつは、この観測で用いられていた方法が、「偏光」の観測でした。そう、地球人にとってのＣＭＢ最後の課題です。偏光とは、物質などに当たった光が、特定の方向にだけ進むことです。それを解析することで、宇宙背景重力波に対応する光の成分が見つかれば、間接的に宇宙背景重力波を検出したことになるというわけです。

このあともＣＭＢ偏光の観測はいくつか行われていますが、いまだに宇宙背景重力波の検出には至っていません。「偏光の章」が地球人最後の課題といわれるのは、その意味からなのです。

立ち直りかけたところでまたダメ出しをされて、二度痛い目にあったあなたでしたが、これから地球人がなすべきことがはっきりわかった気もしていました。

結局、宇宙のはじまりを解明するには「偏光」をクリアしてＣＭＢという「聖典」を読み終え、それによって宇宙背景重力波を見つけて重力波というもう一つの「聖典」を読まなければ話にならないのだ〔偏差値〕。それができて初めてインフレーション理論モデルを確定させることができ、初期宇宙のピースがすべてそろい、宇宙の歴史が完成する――あなたは、自分に何ができるかもわからないのに、なんだかファイトが湧いてくるのを感じていました。

その夜、例によって地球ブースでポーキング博士に博物館でのことを話すと――。

「そうですか、ついにあなたも宇宙を解明したいという欲求に目覚めたのですね。うれしいです。では、そこを見込んでお願いがあります。じつは最近、知的生命が住んでいる惑星が見つかったらしく、ステーションが調査団を派遣することになって団員を募集しているのだそうです。それで私も職員の方に、やる気のあるいい人がいたら推薦してほしいと頼まれたのですが、ぜひ、あなたを推薦させてください。明日、面接試験だそうです」

さっきまで熱を帯びていたあなたの顔から血の気が引いていきます。もしかしたら温度変化をCMB光子たちに感知されて、笑われているかもしれません。

第8章 あなたは左右対称ですか？

惑星際宇宙ステーションが派遣する惑星調査団の団員採用試験は、リモート形式で行われます。志願者はステーション内の試験会場に集められ、モニター画面を通して、調査対象の惑星で任務にあたっている試験官の面接を受けるのです。試験官も調査団の貴重なメンバーなので、試験のためだけにわざわざステーションにやってくるわけにはいかないため、このような形式となっているようです。

試験会場に着くと、大勢の志願者で場内はごった返していました。そんなに人気のある仕事なのかと驚きます。並べられた長机の上には、5台ほどのモニターが等間隔で設置されていて、その前に椅子が置かれています。これだけ志願者がいると競争率は高そうですが、最初は腰が引けていたあなたにも、少しファイトが湧いてきています。

時間になり、モニター画面にいっせいに試験官の顔が映しだされて、試験が始まりました。志願者は整理番号の順にモニターの前に誘導されていきます。ほどなく、あなたの順番になりました。空いているモニター前の椅子に座って、いよいよ面接開始です。

画面の中の試験官はまず、あなたの名前や出身惑星名などを読み上げ、「推薦者はスティーブンス・ポーキング氏ですね」と確認したあと、最初の質問をしてきました。それは思わず、耳を疑うものでした。

それは宇宙では普通ではない

「あなたは左右対称ですか？」

一瞬、あなたは翻訳機が訳し間違えたのかと思ったほどでした。もちろん、モニターの向こうの試験官には志願者の全身は見えないので聞いているわけですが、こんな質問から始めなくてはならないとは、宇宙人と面接をするのは大変です。

しかし、そう聞かれてあなたは、初めて気づきました。ステーションに来てからというもの、地球人からすれば奇妙キテレツな体形の人たちを見つづけてきましたが、驚いているばかりで、そこに一つのパターンがあるのを見落としていたようです。

試験会場を見渡せば、地球人と同じ左右対称の人もいれば、枝が好き勝手に伸びた木のようにまったく不規則な人も、なんらかの規則性はありそうだけど左右対称とは言い難い人もいます。そして、地球人とは似ても似つかない姿でも、左右対称という意味では共通している人もかなりの割合でいるようです。たとえば、タコやイカのような形の人がそうです。単にランダムだと思えていた宇宙人の体形に、一つの見る基準を与えられたようにあなたは思いました。

そして、不思議にも思えてきました。宇宙人の体形が左右対称であることは、普通ではない。だったらどうして、地球の動物はほとんどが左右対称なのだろう？

この問いについて、私は物理学者なので生物のことは専門外ですが、自分なりに強い関心をもち、いろいろな本や資料を読んで調べてきました。大ざっぱな答えにはなりますが、いま、自分なりに考えていることを述べていきたいと思います。

地球の生物はなぜ左右対称か

そもそもは地球でも、生物が左右対称であることは普通ではなかったようです。ではどうだったかといえば、ある点を中心に180度回転しても同じ形になる回転対称のような形の生物や、中心の点から足が放射状にいくつも伸びているような放射相称の生物などがいました。現在も、ウニやヒトデなどの仲間にそういう生物が見られます（図8－1）。

しかし地球では、ある事件を境にして、左右対称の生物が圧倒的に優勢になりました。それが約5億5000万年前に起こった「カンブリア紀の大爆発」です。このとき、それまでの生物のほとんどは絶滅し、新しいタイプの生物が一気に地球を席巻しました。現在の地球生物のほとんどはこのときに出現したものです。そして、その多くは左右対称だったのです。

なお、生物において左右対称とは、正確にいえば、身体の前面と背面の中央を頭から縦にまっすぐ通る線（正中線）を引くと、左右が鏡合わせのように合わさることです。そして前と後ろは対称ではありません。つまりそれは、「前後」というものをもっている生物ともいえます。

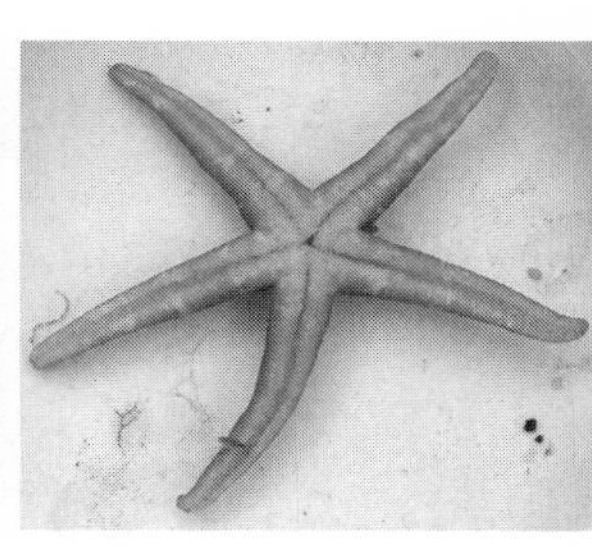

図8-1　放射相称のウニの化石（左）やヒトデ（右）

図８‐１のような生物には「前後」はありません。彼らはおそらく、海底でじっとしていることが多かったのでしょう。それに比べ、カンブリア紀の大爆発以降の生物は、みずから獲物に向かっていくようになったため「前後」ができたと考えられます。さらに獲物を見て、匂いを嗅ぎ、攻撃するために、眼や鼻や口などの器官が身体の前面に集まって、「顔」ができました。

では、地球の生物は「前後」ができただけではなく「左右対称」になったのはなぜでしょうか。それについては、このようなことが考えられます。

じつは地球のすべての脊椎動物は、感覚情報の入力の左右と、出力の左右とが交差するように配線されています。たとえば、魚が敵の存在を両眼のうち左側の視野で見つけたとします。するとその情報は、脳の右側の視覚神経に入力されます。そして脳からは「逃げろ」という指示が、筋肉の左側に出力されるのです。一見、配線ミスのようですがこれは合理的なシステムで、状況判断は危険から遠いほうの脳が安全に行い、実際の逃避行動は危険に近い側の筋肉が迅速・正確に行えるようになっているのです。

そして、この逃避の原理にしたがうなら、身体の構造は左右対称でなければ、左右どちらかに弱点ができてしまい、生き残るうえで不利になります。カンブリア紀の大爆発以降の生物が大繁栄をとげたのは、このように身体が「前後」をもち、さらに「左右対称」になったためではないかと考えられるのです【偏差値】。

しかし、これはあくまで地球で進化した生物にかぎっての話です。宇宙にはさまざまな環境の惑星があり、それに合わせてさまざまな身体構造をもった生物がいるはずです。宇宙人と出会ったときは、まず顔や手足など、目立つ部分に関心が向かうと思いますが、それだけでなく全体としてはどのような構造なのかに注目することも、その宇宙人がどんな環境で進化してきたのかを考えるうえで重要なのです。

ただ、知的生命まで進化する舞台はやはり、地球の陸のような環境に近いような気もします。そうであれば、移動のための足は必須ですし、また、知性の向上には二足歩行して両手を自由にする必要があるでしょうから、やはり地球人のように上下非対称で左右対称になる確率が高そうな気もしています。とはいえ、想像もできないことが起こるのが宇宙ですから、私からはこれ以上はなんともいえません。

束の間、いろいろと考えは駆けめぐりましたが、その質問に答えること自体は簡単です。

「はい、私は左右対称です」

あなたがそう答えると、次に試験官はこう聞いてきました。

「あなたの指は何本ですか？」

またしても意表をつかれます。いや、これも答えるのは造作ないのですが、あらたまって聞かれると、頭がくらっとするような感覚をおぼえます。

地球の脊椎動物ならではの特徴

また少し私から口をはさませていただくと、地球では、魚類を除くすべての脊椎動物の手足の指は5本ずつです。そう言うと、異論が出るかもしれません。たしかに5本指の動物は多いけど、馬の蹄（ひづめ）は1本指だし、鳥の足は3本指だし、うちで飼っている犬の後ろ足は数えたら4本指だ。パンダの指は6本と本で読んだこともある。例外だらけじゃないか！　と。

しかし、それらの動物もじつは5本指なのです。そもそも「指」というものは、魚類から両生類が進化して陸上に進出して、胸鰭（むなびれ）が前脚になり、腹鰭（はらびれ）が後脚になったときに、鰭の骨からできたのが最初と考えられています。無脊椎動物には指はありません。当初は、6本指や8本指など、たくさんの指をもつ両生類もいました。しかし、それらは淘汰され、なぜか5本指のものだけが生き残り、爬虫類や鳥類、さらには哺乳類へと5本指が受け継がれていったのです。

馬の最古の祖先といわれている動物は5本指でした。現在の馬は中指以外が退化して1本指となったのです。鳥は3本指に見えますが、後ろ向きに1本生えていて、もう1本が退化しました。犬や猫、あるいはカエルなど4本指に見える動物は、いずれも1本の指が退化したもので、多くはその痕跡が骨に残っています。また、パンダにはたしかに6本目の指があり、それによって食事のときに笹をしっかり支えていますが、この指はあとから新しくできたもので、進化的にはもとの5本の指とは別物なのです。

では、なぜ5本指なのでしょう。それについては、じつはいまだに謎なのです。しかし、5本でなくてはならない強い理由があるとも思えません。にもかかわらず多種多様な地球の脊椎動物がみな5本指であることは、いったんできあがったシステムを変えるのは案外難しいことを示唆している気もします。私たちは生物の設計図であるDNAを知ってから、生物というものはわりと簡単にデザインを書き換えられるようなイメージをもっていますが、生きものは人工物ではないので、自分自身を一度にすべて新しくすることはできません。いまあるものを少しずつ変えるのは、どうしても時間がかかるのでしょう。

同じようなことが、哺乳類の骨格にも見られます。知っている方も多いと思いますが、キリンの長い首も、私たちの首も、頸椎（けいつい）の数は地球の哺乳類ならすべて、同じ7個です。キリンの首が長いのは、頸椎の設計が変わって個数が増えたからではなく、単に、一つ一つが大きくなったからなのです。この例も、いまある設計図の根本的な変更がいかに難しいかを物語っています。

私は、これはどの惑星の生物でも同様ではないかと思います。そう考えると、原始的な生物が知的生物にまで進化するということは、どの惑星でも、やはりとてつもなく大変なことに思えてきます。では、生物が進化するためには何が必要なのでしょうか。面接会場の時間は少しのあいだ、止めておきますので、もう少しおつきあいください。

生物進化に必要な「地獄のリズム」

生物が誕生し、進化するための条件としてよくいわれているのは「水」「熱」「大気」といったところでしょう。恒星からの距離がちょうどよく、これらの条件が整っているとみられる領域を「ハビタブルゾーン」と呼ぶこともみなさんはご存じかと思います。しかし、私はあえて、あまり注目されることがないものを条件に挙げたいと思います。それは「リズム」です。かりに最初の生命が海で生まれたとして、その海が静かなままでは生命はあまり進化することはなく、進化が加速するためには、リズムをもって変動する環境が必要だと思うのです。

その点で、地球は絶好の環境でした。地球には太陽と月が、ほぼ同程度に影響を与えるからです。もちろん、半径を比べれば太陽は月の約４００倍と圧倒的ですが、地球からの距離は太陽のほうが月の約４００倍遠いため、両者が地球に与える重力はみごとに拮抗しています。この絶妙な位置関係によって、地球では太陽と月の引力がせめぎあって「潮汐力」が働き、潮の満ち引きというリズムが生まれるのです。こうしたリズムが環境の定期的な変化をもたらし、それに対応することで生物の進化が促されてきたのではないでしょうか。

さらに地球には、より大規模な、そして破局的な影響をもたらす「リズム」もありました。その一つが、地球全体が凍った球になる「全球凍結」、いわゆる「スノーボールアース」です。地球では約22億年前、約7億年前、約6億年前と少なくとも3回（あるいはもっと）、この激烈な現象が繰り返されたと考えられています。その理由はここでは省きますが、地球は簡単に凍りついてしまう惑星なのです。当然、そのたびに生物は致命的なダメージを受け、大量絶滅しました。当時の地球を宇宙人が見たら、生物の存在など考えられない真っ白な氷惑星としか思えなかったはずです。しかし、じつはそれらの絶滅が、生物の進化を加速させたとも考えられているのです。

たとえば、約22億年前の絶滅では、そのあと地球上に酸素が大量に増えたことで、酸素を利用できる真核生物が出現した可能性があります。約6億年前の絶滅では、そのあとにさきほどお話ししたカンブリア紀の大爆発が起こり、多細胞生物が一気に繁栄しました。もし全球凍結がなければ、地球にはいまだに単純な生物しかいなかったかもしれないのです。

全球凍結を原因としない大量絶滅も繰り返されています。たとえば、約2億5000万年前のペルム紀には、生物の約9割が絶滅する「史上最大の大量絶滅」が起きました。その原因は大規模な火山噴火によって火山灰が日光を遮断し、地球が寒冷化したためと考えられています。このときにのちの爬虫類、さらに哺乳類へと進化する哺乳形類（ママリアフォルムス）の発生が促されたといわれています。また、約6600万年前に巨大隕石の衝突によって起こった白亜紀の大絶滅では、恐竜が絶滅して、哺乳類が大型化して繁栄するきっかけとなっています。

さきほど、生物が設計図を根本的に変えるのは難しいという話をしました。失敗を覚悟で大胆なシステム変更をすることは生物にはできません。それでも、遺伝子や細胞レベルでは、少しずつ少しずつ、変化へのある種の準備が蓄積されていて、気の遠くなるようなそうした時間を経たあるとき、生存を脅かされるようなピンチにさらされると、一気に爆発的な進化が起こる、そんなイメージを私はもっています。つらいことですが、原始的な生物が知的生命にまで進化するには、定期的に「地獄」を見る必要があるということです。

そして地球は、そんな「地獄のリズム」をもつ惑星です。決してハビタブルなだけではないのです。その一つの要因として、冷え切っていないことがあると思います。具体的には、超高温のどろどろのマグマの塊として誕生したときの名残を、まだとどめていることです。それによって外核が熱と流動性をもっていることが、大陸の分裂や大規模な火山噴火などの「地獄」の源泉となるのです。反対に、できてからかなり時間がたって、冷え切ってしまった惑星で生物が出現しても、知的生命にまで進化することは難しいでしょう。

ところで第1章では、さまざまなスペクトル分類の「太陽」を比較して、宇宙人が生まれやすい太陽はどのタイプかを検討しました。そして太陽の寿命と、知的生命に進化するまでにかかる時間との関係から、G型（軽量型）、K型（低温型）、M型（極低温型）の太陽の惑星にしか存在しないのでは、と推論しました。

しかしさらに考えると、低温型や極低温型の太陽では、ハビタブルゾーンが太陽にかなり近くなって重力の影響も大きくなるため、惑星には強い潮汐力がかかり、つねに太陽に同じ面を向けることになります。これでは、その面にはずっと強烈な日が当たるため過酷な環境となるうえ、「リズム」という意味でも変化が生まれにくくなるという二重のマイナス要因が生じてしまいます。

このことを勘案すると結局、「宇宙人はG型太陽の周囲にしか生まれない」という結論になってしまうのかもしれません。すると、宇宙のすべての星の約10パーセントがG型なので、宇宙人の存在確率にも、このバイアスがかかってくることになります。

ただし、たとえ環境的なリズムがあまりない場所でも、生命としては十分に進化できるので、たとえば知的生命というより植物に近いような長寿の動物がいても不思議ではありません。

植物といえば、少し余談ですが、地球の植物がおもに緑色なのは、緑色の光を吸収しているのではありません。太陽がＧ型で、その光のピークが緑色にあるにもかかわらず、植物は緑色の光を使わず反射・透過するからなのです。もしかしたら低温型の太陽の世界では、植物は真っ黒かもしれません。それを「不気味」と感じるのは、緑色太陽人の先入観にすぎないのです。

知的生命とは何だろう

ところで、そもそも知的生命とは何でしょうか。どこまで進化すれば、そう呼ぶに値するのでしょうか。これについても私の考えを述べておきます。

地球のイルカ程度では、私はその資格なしとしたいと思います。イルカはたしかに社会性をもち、言語のような音波を操っています。人類が出現するまでは、地球で最も知能が高い生物だったかもしれません。しかし、「知的生命の要件」は満たしていないと思われます。

私が考えるその要件とは、みんなで協力しあうことができる社会性、などではなく、次の二つであろうと考えています。

一つは、抽象的な概念が発達していること。つまり、見えないものについて想像したり、理解したりできるということです。それを判定するには、数学、すなわち数の概念がどこまで発達しているかが指標になると思います。

もう一つは、外界の存在を知っていることです。イルカの知能がいくら高くても、そのおよぶ範囲は海まででしょう。その外にも自分が知らない世界が広がっていることを認識できているかということです。これは物理学の発想といえます。

要するに、この世界には自分に見えないもの、知らないものがあることを受け入れ、それについて想像や思考をめぐらせることができる、ということです。そして、そうした知的生命による有形無形の営みを「文明」と呼ぶのだろうと私は考えています。

こういうことを考えるとき私は、ケンブリッジで師事したことがあるホーキングの言葉をよく思い出します。宇宙に知的生命が存在する可能性を問われ、彼はこう答えたものでした。

「この地球に知的生命と呼ぶに値するものなど存在するのか？」

それはさておき、本書では調子に乗っていろいろな宇宙人を登場させていますが、もしも本気でその姿を想像してみると、確率が比較的高いのは、こんな感じかなと思っています。

・二足歩行している

・体毛が少ない

・脳は人間より小さいか、同程度

まず、道具を使うことは知的生命として必須と思われますので、二足歩行して手を自由にしている可能性はかなり高いと思っています。なお、人類は4本足から2本足になったと考えられがちですが、どちらかといえば、もともとは手が4本でした。ご先祖さまたちは樹上生活者だったので、すべての「手」で木をつかんでいたのです。いまも足の裏に土踏まずがあり、足の指が平行なのはその証です。木から降りて地面を歩く必要ができたので、2本を「足」にしたのです。

また、地球人を見るかぎり、ホモ・サピエンスがほかのネアンデルタール人などの競争相手に勝てた要因は、命の危険を冒して長距離移動をしたことにあると考えられます。言い換えれば、みずから「地獄」に突き進んだのです。酷暑のアフリカの草原を歩くには、汗をかいて体温を下げる必要がありました。その際には、体毛はないほうが効率がよいのです。

脳のサイズについては、あまり大きな脳はかえって生存に不利と思われます。脳は総摂取エネルギーの2割も使う大食い器官であり、大きいのは非効率だからです。よく映画に出てくる宇宙人はやたら脳が大きく描かれていますが、むしろ高度な知的生命ほど、記憶に使う部分はどんどん外部に移行させて、より脳をコンパクト化する方向に進化しているのではないかと想像します。地球人が情報をスマホに保存しているのは、そこへ向かう過渡期なのかもしれません。

でもこう言ってしまうと、私たちと変わりばえしなくてつまらないと思われそうですね。まあ、まだ宇宙をほとんど知らない地球人の考えですから、あまり真に受けないでください。

あなたのアミノ酸は左？　それとも右？

　では、試験官に質問されたところに時を戻しましょう。

「私の指は5本です」とあなたは答えます。

　試験官は「左右対称で指が5本だから、両手では指は10本ということですね」と念を押してから、今度はこう尋ねてきました。

「あなたのアミノ酸は右手型ですか？　それとも左手型ですか？」

　これも思ってもみなかった質問です。「ホモキラリティ」のことを聞いているのだろうということは、あなたにもわかります。タンパク質の基礎部品となるアミノ酸には、左手型と右手型の2種類があって、これらは同じ形のようでも鏡合わせの関係にあり、左手と右手のように合わせることはできても、決してぴったり重ねることはできません。この関係をホモキラリティといいます。そして地球の生物のアミノ酸は、すべてどちらか一つの型に偏っていて、それがなぜなのか、大きな謎になっている——というところまではあなたも知っています。試験官がこう聞いてきたということは、宇宙ではどちらの型のアミノ酸の持ち主も同じくらいいるのでしょう。

　しかし、ここであなたは答えに詰まります。地球人のアミノ酸はどっちか、思い出せないのです。というより、もともとそこまでは覚えていませんでした。まずい、どっちだっけ……。

そのとき、耳元で小さな声が聞こえました。

「左だよ、左。こっちは見ないで答えろ」

驚きつつ、「左手型です」と答えて横目で見ると、なんとカレンダーショップのヨーダでした。モニターの試験官からは見えない位置に立ち、「そんなことも知らんのか」とぼやいています。

そのあと試験官からは、地球生物の分類や進化史、地殻や大気の元素組成、地球文明の発達史など、地球についてのこまかい知識を問う質問が続きました。うろ覚えなことばかりで、そのたびにヨーダはこっそり助け船を出してくれました。

試験官は「では最後の質問です」と前置きして、こう尋ねてきました。

「宇宙の知的生命の一員として、地球人の特徴は何だと思いますか？」

あなたはおととい、いま横にいる人のおかげで痛感したことを思い出し、こう答えました。

「まだほかの惑星の人のことはよくわかりませんが、私たちは太陽と月が1個ずつしかない世界しか知りません。そのことは忘れてはならないと思っています」

試験官は初めてにっこり笑うと、面接終了を告げました。

「おかげさまで助かりました。でも、ここでいったい何をしているんですか？」

「ああ、頼まれて試験監督をしておる。インチキするやつがいないようにな」

ヨーダはそう言ってげらげら笑うとまた、本当に何も知らんやつだと繰り返しました。

「こんなに地球のことばかり聞かれるとは思いませんでした」

「自分の惑星のこともろくに知らんやつが、よその惑星に調査に行くことのおこがましさを思い知らせているのさ。まあ、大事なのは最初の2つの質問だろうけどな」

「最初の2つが大事？」

むかっとしながら聞き返すと、あとでわかるさ、とだけヨーダは答えました。

「それにしても、どうしてそんなに地球のことにくわしいんですか」

本当にそれが不思議でなりません。ヨーダは真顔になって少し黙ったあと、口を開きました。

「むかし、地球に調査団が派遣されたことがあってな。わしも参加して、ずいぶん調べたんだ。結局わしは、地球人の評価を『×』にした。争いは絶えないし、環境は破壊するし、とてもじゃないが、仲間には迎えられないと思った。ステーションの結論も同じだった」

そのあとヨーダは、遠くを見るような目になりました。

「ただ、ひとつ覚えてるのは、調査中にうっかり子どもに見つかっちまってな。ところが、その子は怖がるどころか、わしのあとをずっとついてきて離れないんだ。自分は映画が友だちで、大きくなったらおじちゃんが出てくる映画をつくるとか言ってたな。変わった子だった」

すべてを察したあなたは、笑いをこらえながら言いました。

「たぶんその子、夢をかなえましたよ。あなた、地球では超有名人です」

第9章 数のなりたちを知っていますか?

翌日、早くも試験結果の通知が届きました。どきどきしながら見ると、合格でした！　おせっかいな老宇宙人のおかげとはいえ、宇宙で初めて受けた試験に合格した気分は格別です。ポーキング博士も喜んでくれています。こうなったらすぐには地球に帰れないぞと、あなたは覚悟を決めました。

惑星調査団からはさっそく呼び出しがあり、指定の場所に行くと、目つきの鋭い人が待っていました。あなたが挨拶すると握手を求めてきて、こう言いました。

「ようこそ、惑星調査団へ。私が団長だ。さっそくだが、君に頼みたい任務を言い渡すからよく聞いてくれ」

今回の調査の目的が、最近見つかったある惑星に住む人たちの文明について現地で調べることであるとは聞いていました。いずれステーションの仲間に加えても問題ないか、把握しておくためです。すでに基礎的な調査は、ドローンなどを駆使して完了していて、万が一、見つかっても攻撃されるような危険はないことは確認ずみです。

文明調査は、テーマごとにいくつかのチームを編成して行われます。「社会性」「エネルギー利用」「信仰」などです。団長はあなたが所属するチームを伝えました。

「君には『数の概念の到達度』を調査するチームに入ってほしい。面接試験では、君の学術的な知識レベルが非常に高いことがわかった。期待しているぞ」

か、数の概念？　あなたは茫然としてしまいました。出身大学の学部は文系で、数学はどちらかといえば苦手でした。たしかにブルーバックスをたくさん読むほどの科学ファンではありますが、じつは数学をテーマにしたものはあまり理解できていません。自分にそんな仕事が務まるのか？　ヨーダのせいでえらいことになったと恨めしくなってきました。

あなたの当惑を察したのか、団長は具体的な指示を出してくれました。

「まずは、自分の惑星では数というものの概念が、いったいどのようにしてなりたってきたのかを調べることだ。そこをしっかり理解できていなければ、調査はできないからな。専用図書館に必要な資料は揃っているはずだから、いつでも利用してくれ」

数の概念がどうやってなりたってきたか？　そんなこと、考えたことすらありません。自分にとっての数は、幼いころに個数を数えたり量を測ったりするために自然に使いはじめたもので、「概念」などという言葉で語るほどのものではありません。では、人類の歴史をうんとさかのぼって、どのようにして数が使われるようになったかを調べるということ？　そんなことは逆に、途方もなさすぎて、とても自分にできるとは思えません。

図書館に行ってみると、たしかに膨大な資料がありましたが、どこから手をつけてよいやら見当もつかず、数日間、悶々とするばかりでした。ただ、ひとつ、気になる本には出会いました。『数は我々が数えなくても存在するのか？』という本でした。そのタイトルに、なぜか心を強くつかまれました。「数は存在するのか」ってどういう問いだ？　手に取ってページをめくると、

「数概念とは、知的生命にとって、はたして先天的な観念なのか」

「自然数とは、本当に自然発生的なものなのか」

そんな禅問答のような問いかけが並んでいます。著者名を見ると「ロジャー・ヘンローズ」とあります。なんと地球人のようです！　最初はてっきり、あの有名な科学者かと思いましたが、よく見ると1文字違います。それだけでずいぶん間抜けな名前になるものです。こんな本を書く人は地球ではあまり評価されていないだろうと思いつつ、とりあえず読みはじめました。

宇宙基準の単位とは？

そんなあなたを見て、「数の概念」チームのある先輩がアドバイスをくれました。

「もしもすぐにできることが見つからなければ、これから行く惑星で用いられている単位について、押さえておいたほうがいいぞ」

なるほど、道理です。単位がわからなければ数の意味がわかりません。その前に、そもそも地球の単位さえ、ちゃんとわかっているでしょうか。そこが怪しいと、宇宙共通単位や個々の惑星

の単位への換算もできません。あなたは読書と並行して、単位の勉強を始めることにしました。図書館には「単位」だけで巨大なコーナーがあり、ステーションに登録されている惑星ごとに用いられている単位に関するさまざまな資料が並んでいました。なにはともあれあなたは、まだページも新しい地球の単位についての本を取り出しました。

物理的なさまざまな量は、つまるところ、3つの基礎単位の組み合わせで表現できます。地球では以下の3つがおもに用いられています。

長さ：m（メートル）、時間：s（秒）、質量：kg（キログラム）です。

これに電流を入れると、A（アンペア）が必要になります。地球には、国際単位系というものがあり、7つの単位を定めています。ニュースで「単位系の決め方の基準が変わった」と報じられたのを聞いたことがあるかもしれません。単位の決め方はこれまでに何度も変更されていますが、地球で暮らしているだけなら、そんなことは気にしなくてもよいかもしれません（1メートルは何ヤードだっけ、とかいうときには気になりますが）。しかし宇宙人と交流していくには、まずは地球での単位の決め方をきちんと知っておく必要があるでしょう。

かつての地球では、誰かの腕の長さとか、腕を振ったときに往復する時間などで単位が決められていたこともありましたが、現在、それぞれの単位は、長さは光速度、時間はセシウム原子、質量はプランク定数を用いて定義されています。これはできるだけ人為的な基準ではなく、普遍的な量を基準に決めたいと考えられてのことです。

このうち長さは、話は簡単です。光速はご存じのとおり宇宙で普遍的な最高速度なので、これ以上に厳然とした基準はありません。たとえば光速に1年という時間をかけた「光年」という長さの単位は、宇宙人にも通用します。星を表す丸を真ん中に描いて、そのまわりに円の軌道を描き、軌道上の地球を1回転させれば、1年という概念は容易に伝えられるはずです。あとはお互いの実際の惑星軌道の半径がわかれば、お互いの一年の長さがわかり、また、メートルは光速度を基準に定義されているので、地球の長さの単位系を説明することもできます。

その意味で、国際単位系をより宇宙で普遍的なものに近づけることは、文明のレベル向上のために重要です。国際基準をできるかぎり宇宙基準にしていくということです【偏差値】。

地球では時間の単位も現在では、原子の周波数を用いているので宇宙共通です。宇宙人に伝えるときも、周期表で55番目のセシウム（Cs）をトントンと指させばよいでしょう。現在の秒の定義は、セシウムの超微細構造遷移と呼ばれているもので定まっていますので、あとは量子力学のエネルギー準位とその遷移を描けばよいのです（くわしいことは、ここでは省略します）。

NASAが1972年に木星観測などのために打ち上げたパイオニア探査機に、宇宙人に向けたメッセージが刻まれた金属板が積まれているのをご存じでしょうか（図9-1）。そこに裸の男女の絵とともに描かれているのが、まさに水素の超微細構造遷移の概念図です。その遷移で生

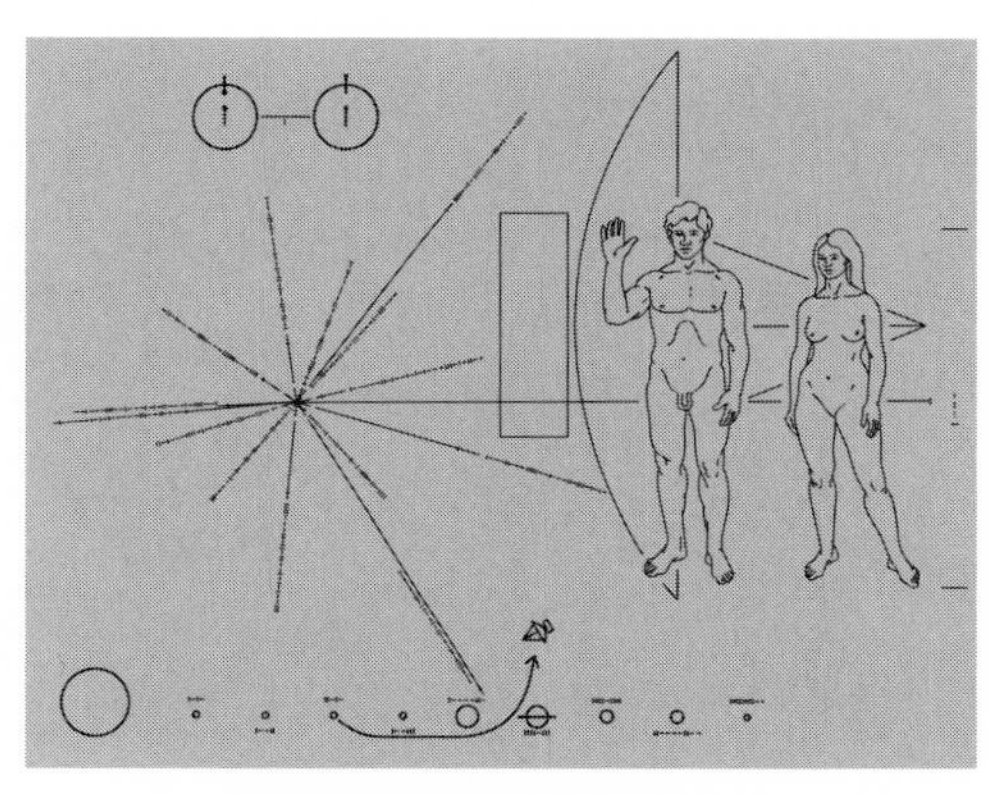

図9-1　パイオニア探査機に搭載された宇宙人へのメッセージ
左上の２つの丸を棒で結んだ図が水素の超微細構造遷移を表す

じる21cm線という光を用いて長さの定義を伝え、周波数を用いて時間の定義を伝えようとしているのです。そして、そこで定義している単位「cm」にもとづき、女性の身長を８（２進法ですが）と表しています。つまり、８×21cm＝１６８cmだよという意味です。

さて、最大の難関は質量です。じつは地球では、２０１９年に改定されるまでなんと１３０年も、キログラムを、直径４cmほどの白金の合金でできた円柱型の金属の重さで定義してきました。なんと原始的だったのかと思ってしまいます。宇宙人と出会う前に、現在のプランク定数による定義に変えることができたので、少しほっとしています。

「じゃ、質量はどうやって測ってるんだい？」

と聞かれて、どや顔で金属製の原器をテーブルに置いた日には、宇宙人の嘲笑は免れません。

ただ、現在のプランク定数を用いた定義を宇宙人に説明するのは、かなり大変です。地球人でも、質量の定義が一新されたというニュースを見てどれほどの人が理解できたでしょうか。では、新定義をご紹介しておきましょう。

「キログラムは周波数がX（ここにプランク定数の逆数が入ります）ヘルツである光子のエネルギーに等価な質量である」

意味不明な言葉だらけではないでしょうか。周波数はともかく、プランク定数とは何かも、光子のエネルギーとはどういう量かも、等価とはどういうことかも。ほぼ暗号です。

いちおう簡単な説明を試みますが、よくわからなくても気にすることはありません。

まずプランク定数とは、量子力学の基礎法則に出てくるものです。位置 x と運動量 p には、

$$\Delta x \cdot \Delta p = h/(4\pi)$$

という、どちらかが決まればどちらかが決まらない不確定性関係があるというもので、h がプランク定数です。10のマイナス34乗というきわめて小さい量で、これが、位置あるいは速度が決まらないときのゆらぎの大きさを表しているというのです。素粒子の世界ではこのゆらぎの値こそが本質的なものであり、この定数を使うと光をつくる光子という素粒子のエネルギーは、

$$E = h\nu$$

となります。ν は1秒間の振動数です。そして、このエネルギーはアインシュタインの相対性

理論によれば静止質量エネルギーというものと等価であり、

$$E=mc^2$$

ですので、この2つが等しいとすれば、あとは振動数 v を指定して、光速度 c とプランク定数 h を代入すれば、m が出てきます。そういう一連の流れを、この定義は表現しているのです。みなさんの体重を表すキログラムは、いまではこんな決め方をしているわけです。

かなり厳密になったことは喜ぶべきですが、こんな説明を日本人にするのも大変なのに、宇宙人相手にできる気がしません。厳密にはなったものの、まだまだ地球固有の定数や記号が多いので、宇宙人にどこから教えたらいいか見当もつきません。ほかによい方法はないでしょうか。

このように、まだ発展途上ではあるものの、これが地球における単位の決め方の現在位置です。進んでいる宇宙人はどのように質量を決めているのか、私も図書館にこもって調べてみたくてしかたありません。

「X進法」は指の数に対応する

単位の勉強の一方で、あなたは例の本を読みつづけています。この本の面白いところは、ステーションに来てあなたが初めて痛感している「自分が宇宙の平均ではない」ということを、読むだけで感じさせてくれることです。たとえば、

「指が６本ある人たちの数学はどうなるか」
といったお題があって、実際にそういう数学がどういうものになるかを示しているのです。

このテーマでは著者は、地球人はなぜ10進法を用いているか、というところから考察を始めています。私たちが日常用いている、０から９までの数で成り立っている体系です。この10進法の起源は何かといえば、当然、地球人の両手の指の総数であると著者ヘンローズはいいます。

文明が始まるずっと以前から、人類は指で数を数えていた。とらえた獲物の数や、収穫した木の実の数などを。５個まで数えたら、反対の手の指を折って数えた。10進法の起源として、それ以外に自然な説明はない。だから指が６本ある人の数学は12進法であろうというのです。

何進法であろうと、数の体系自体が変化するわけではなく、単に表記の問題である。われわれも時計では、60秒、60分と60進法を用いている。角度を測る場合には、円を３６０度として３６０進法を用いているといえる。歴史的には、なんと５０００年前にメソポタミア文明の基礎をつくったシュメール人が３６０進法を発明している。これは指の数に依存しない、合理的で偉大な数概念といえる。ほかにもシュメール人は、観測できる天体から導かれた「曜日」というシステムも発明したといわれている。これは7進法ということができる。こうしたシュメール人の発想は、現在の地球文明と比べても超越的であり、地球人が宇宙に誇れる数少ない遺産である、とヘンローズは、熱くシュメール人について語っています。

神になったらどんな数概念を創造するか

ヘンローズの縦横無尽な発想は、続いてこんな問題提起をしています。

「まったく数という概念がない文明に数を導入するにはどうすればよいか？」

あなたは思わず、これだ！と声に出します。まさに、こういうことを知りたかったのです。ヘンローズは続けます。それは、彼らにどうやって数を「教えるか」ではない。読者諸君が神だとして、何もないこの地上に、数の概念を一から創ることになったとき、いったいどのようなルールを定め、どのように数世界を創造するか、ということなのである――。

著者が意気込んでいるのはわかりますが、どうもかえって話が難しくなっている気もします。この本、売れなかったんだろうなあ、と思っているうちに、いつしかあなたはうとうとと、眠りに落ちてしまいました。

「おい。おい、起きろ！」

ペガスス座の友人と再会できた夢を見ていたあなたは、太い声で怒鳴られて目を覚ましました。不機嫌になって声の主を見ると、ものものしい迷彩服に身を包み、がっちりした体格のシュワルツェネッガーのような大男があなたを見下ろしています。見た感じは地球人のようです。

「どうして寝ている？」

「どうしてって、読んでいる本が難しくて……」

「何を言っている！　ここからがいいところなのに！」

「え？　私が何を読んでいるか知っているんですか」

「知ってるもなにも、俺はロジャー・ヘンローズだ！」

　あなたは椅子から転げ落ちそうになるほど驚きました。

　聞けば、自分の本を毎日熱心に読んでいるので、遠くからいつも様子を見ていた。いよいよ佳境に入り、どんな顔で読むのかと楽しみにしていたら、居眠りを始めたので頭にきたのだとか。

「えーと、そもそもヘンローズさんはどうしてここにいるんですか？」

「俺は地球人のくだらなさに嫌気がさして、地球を出ようと決めたんだ。そのため惑星調査団に応募して『数の概念』チームに入った。調査に行った惑星が気に入ったら、移住するつもりだ。これは極秘の計画だから、誰にも言うなよ。いまおまえに明かしたのは読者サービスだ」

「わかりました。ではついでにもう一つ、サービスをお願いします。あなたがこの本に書いたことを、もう少しやさしく、私に教えていただけませんか」

「いいだろう。俺も今度行く惑星で数の概念を教えることになるかもしれないので、予行演習だ。こんないいところで居眠りするやつは数の概念に乏しいだろうから、ちょうどいい」

ともかく、交渉成立です。

数をこの地上に創造してみる

「ではまず、自然数とは何か、というところから始めよう。自然数は知っているよな」

「はい。0を除いた、正の整数です。1、2、3、4……と続きます」

「うむ。ここで重要なのは、自然数は2つの意味を兼ねそなえているということだ。すなわち『序数』という意味と『基数』という意味だ」

序数はいわゆる「順番」を表しています。数直線上では1、2……と右に増えていくので、方向をもつ数ともいえます。一方の基数は、いわゆる「量」を表すものです。単位をつければ、長さや重さなどの意味をもちます。

「なお、1個、2個、3個と数える『個数』というものもあって、少しだけややこしい。これも基数のようだが、じつは序数の意味もある。目の前のリンゴを1個、2個……と数えるときは順番を表しているからだ。しかし『合計で5個』というときの5は量を表しているので基数だ。つまり『個数』は序数と基数のどちらの意味ももっている」

ヘンローズは毛むくじゃらの手でリンゴの絵を描きながら、説明してくれました。

「ともかく、自然数とはこのように、きわめて自然に発生する数の概念といえる。ところが、単純に思える自然数の世界にも、きちんと数学的に構築するためには、じつに深遠なルールが存在しているのだ」

そう言うとヘンローズは、ノートにすごい筆圧で、こう書きました。

自然数 ↓ 整数 ↓ 有理数 ↓ 実数 ↓ 複素数 〈偏差値〉

「これを、数の拡張という。単純きわまりない自然数は、必要に迫られていろいろな演算をすることで、どんどん拡張されていくのだ」

その下に、「こんなのもある」と言ってこう書きました。

四元数(しげんすう) ↓ 八元数 〈偏差値〉

「この八元数が、ある意味では、数体系を最大に拡張したものといえる。まあ、それはまだ先の話だ。では、数というものが自然数からどのように拡張されていくのかを見ていこう。

1＋1＝3でもよい

ここでヘンローズは、少し試すような顔になって、尋ねてきました。

「四則演算には『真のルール』ってやつがあるのを知ってるか？　ルールといっても『1＋1＝2となります』とかのことではないぜ」

足し算、引き算、掛け算、割り算に「真のルール」がある、と言われても、あなたには何も思い浮かばないので首をかしげると、ヘンローズは続けました。

「いいか、ちょうどおまえが居眠りする前に読んだページにも書いてあるが、俺たちが考えようとしているのは、数を知らない者に、足し算や引き算を教えることじゃない。それなら計算をいくつもやらせて教え込むしかない。そうではなくて、四則演算の世界を支配している、根本的な数のルールを考えるのだ」

ヘンローズがまた興奮してきたようです。

「ゲームでたとえると、いままでのおまえは、そのゲームをプレイするプレイヤーの一人にすぎなかった。しかし、いまからは、ゲーム全体を支配するルールのようなものを操作することになる。そのルールブックには『1＋1が2になる』とは明記されていない。この真のルールを知れば、おまえは裏技も操れる別次元のゲームプレイヤーとなれるのだ！

ではまず、足し算、すなわち加法からいこう。加法のルールは4つの法則で表現される」

ヘンローズがノートにぐりぐりと書きつけました。

（1）交換法則　（2）結合法則　（3）単位元の存在　（4）逆元の存在

交換法則……1＋2を2＋1と数を交換しても、結果が変わらないというルール
結合法則……1＋2＋3は、（1＋2）のあと＋3しても、（2＋3）のあと＋1しても、結果が変わらないというルール

「交換法則と結合法則は、数の演算を構築するうえでものすごく重要なルールだ。ところが、数がどんどん拡張されて、四元数以上のハイレベルな世界になると、これらのルールを満たそうとしても満たせなくなるんだ。不思議だろ？　いかに自然な法則に見えても、それが破れる世界がある。それを見て初めて、そのルールがどのような普遍性をもっていたかがはっきりするんだ」

ヘンローズの話はわかるようで、難しくもあります。

「ここで大事なのは、これらのルールは結果については言及していないということだ。つまり、ルールさえ満たしていれば、1＋1＝3でもいい。結果は何でもいいんだ」

だんだん、あなたが知っている数学とは別の世界の話のように思えてきました。

「逆に言えば、1＋1＝3となるオレ流ルールをおまえがつくってもかまわない。そのかわり、おまえの世界全体を、そのルールでつねに整合性がとれるように構築しなくてはならない」

ルールによって数は拡張する

続いて、加法のルールの（3）と（4）についてです。以下は、日本語の数学用語がたくさん出てきますので、少しのあいだ、私から説明をしておきましょう。

まず、「元（げん）」とは、数学の「集合論」と呼ばれるジャンルに登場する用語です。集合とは一種のグループで、その中の個々の要素が元です。

また、集合という概念にあてはめていえば、「演算」とは、2つの集合のあいだを結ぶもので、関数や変換とともに、「写像」といわれるものの一つです。写像とは、ある集合の元から、別の集合の元を指定する操作のことです。だんだん概念が抽象化してきていますね。

では、加法のルール（3）の「単位元」とは何か。それは次のように定義されます。

「それを加えても数が変化しないもの」

これは何だかわかりますか？　そう、0ですね。0の概念の発見は、地球人の歴史では非常に大きな一歩でした。俗説では7世紀インドの数学者が発見者とされています。

つまり（3）は、単位元である「0」という数が必ず存在するというルールです。

ヘンローズが、ここは俺に言わせろとばかり大声を出してきました。

「わかるか？　自然数だけだった世界は、このルールが設けられると0が導入されて、正の整数の世界に拡張されるのだ！」

加法のルール（4）の逆元とは、次のように定義されます。

「それを加えると、単位元の0になるもの」

たとえば1の逆元は、1＋逆元＝0となるので、マイナス1です。つまり、逆元が存在するということは「負の数」が存在するということです。再び、ヘンローズが吠えます。

「もうわかるな？　このルールによって負の数が導入されることで、正の整数だけの世界は、正負ともに存在する整数の世界に拡張されるのだ！」

なお、減法、つまり引き算は「負の数を足す」と考えるので、加法の一変形のような位置づけとなります。

ところで、ある演算ができる集合で、単位元があって、逆元も必ず存在する世界を「群（ぐん）」といいます。（3）のルールがつくる正の整数のみの世界は、「半群」と呼ばれます。自然数はいわば（3）のルールによって第一変身形態の半群になり、（4）のルールによってめでたく完全形態の群になるということです。何がめでたいのかはわかりませんが（笑）、少なくとも、これによって世界が「自然数から整数」に拡張されるのです。

数をどんどん昇進させるのだ！

「さあ、次は乗法のルールにいくぞ！」

ノリノリになってきたヘンローズのペンがノートに食い込みます。

（1）交換法則（2）結合法則（3）分配法則（4）単位元（5）逆元

加法のルールとの違いは、（3）の分配法則が追加されていることです。これは加法とのかねあいで重要なルールです。じつはこれが、1＋1を2に固定している根源でもあるのです。

分配法則とは、たとえばこういうことです。

（2＋3）×4＝2×4＋3×4

このルールのもとでは、「1＋1＝3」というオレ流は成立しません。なぜでしょうか。

まず、右辺の3をオレ流のルールで書き換えると、3＝3×1なので、（1＋1）×1となり、3＝（1＋1）×1です。ここで分配法則を使うと、（1＋1）×1＝1×1＋1×1となり、2が導かれて、矛盾することになります。この矛盾を解消して初めて、オレ流が成立するのです。

（4）の乗法の単位元は、1です。1に何をかけても変わらないからです。そして、ここまでのルールにのっとった数世界を「環（かん）」といいます。ヘンローズには内緒ですが、日本語だといちいち名前が渋くてカッコいいですよね。「オレ、いま環に昇格したぜ！」と言いたくなります。

（5）の乗法の逆元は、掛け算の操作を戻す数なので、逆数になります。これが除法、つまり割り算に対応します。逆数は分数なので、整数の世界までには、乗法の逆元は存在しません。つまり、整数はどれだけ出世しても最高位は環までということです。だから整数全体のことを、整数環と呼んだりもします。

整数に乗法の逆元のルールが追加されて拡張された数が「有理数」です。有理数は、分数で書かれる世界です。分母と分子には整数がきます。

そして、この四則演算までの数体系を「体（たい）」と呼びます。なぜか急に、ださい名前になった気がするのは私だけでしょうか。有理数全体のことを、有理数体ともいいます。

「ここまでご苦労だった。次はいよいよ、『実数』への拡張だ。こいつはいままでの四則演算で拡張できた連中とはわけが違うぞ。攻略するには超越的ともいえる手法が必要になってくる。それだけに奥が深く、この拡張だけで一冊の本が書けるほどだ。では行くぞ！」

戦場にでも赴くような口ぶりで、ヘンローズはノートの紙をめくりました。

実数は数でできた「密林」

「おまえも日常で、キリの悪い小数に出会うことはあるだろう。もしそれが、収束しない、つまり永遠に続く無理数であれば、おまえは実数の世界に足を踏み入れている。$\sqrt{2}$や$\sqrt{3}$などだ。それ以外にも、円周率π＝3・1415……がある。あれは無理数であるだけでなく、さらに格上の『超越数』ってやつでもあるがな。これらをすべてひっくるめたものが、実数だ。じつに大きくて、そして難解な、数でできた密林地帯のような世界だ」

そのあとヘンローズはなぜか声を潜めて、着ている迷彩服を指さしながら言いました。

「じつは俺がこんな格好をしてるのも、いつもこの密林で敵と戦ってるからだ」

いちおう、本当ですかと驚いてみせると、ヘンローズは「うそだよ」と笑いました。

「有理数から実数への拡張には、まず『距離』という概念を導入する必要がある」

ヘンローズは、ぐいーっと1本の線を描いて、続けました。

「イメージでいえば、この数直線上にこれまでは有理数という飛び飛びの点しかなかったのを、無限のステップを踏んで細かく分割していく。数学では、これを『切断』と呼ぶ。切断によって数の『連続性』をつくってやると、数直線上にびっしりと数が埋まった実数となるわけだ」

なるほど、とここまではあなたもわかった気になれたのですが……。

「そして実数の世界では、数直線上で2つの数が近づくかどうかといったことを考える。それには『極限』という操作があり、さらに『収束』という概念によって定義される『コーシー列』という数列が登場する。この定義には『イプシロン-デルタ論法』というユニークな数学的テクニックが使える。こうしてようやく、有理数を拡張させて実数を創ることができる。そんな実数を数学的に一言で表せば、『連続性を備えた順序体である』ということになるだろう」

ヘンローズが止まらなくなっていると思いますので、すでにあなたは意識が遠のいていると思いますので、このへんでタオルを投げましょう。数学者になるつもりはないあなたには、「実数とは数の密林」であると知っていただければ十分です。でも一つだけ言うと、いまヘンローズが挙げたような有理数から実数へ拡張する操作を「完備化」といいます。いい響きでしょう。「俺もついに完備化された！」と数学を学んでいる者なら言ってみたいところです。

ヘンローズを黙らせているあいだに、駆け足で「複素数」も見てしまいましょう。

今度は、実数には存在しなかった「虚数 i」が導入されます。「2乗すると負になる数」です。これによって複素数 $a+bi$ がつくれます。これは a という世界と b という世界を足しあわせたものともいえますので、複素数は「二元数」とも呼ばれています。そして、この数全体も「体」をなしています。

また、代数を考えるときは、複素数の世界の中ですべてことが済む（＝閉じている）ので、実数から複素数への拡張操作を「代数閉包（へいほう）」といいます。簡単にいえば、「代数方程式の解は、必ず複素数として解くことができる」ということになります。

では、ここまでの数の昇格をまとめてみましょう。ルールを増やしていくことで、

自然数 → 正の整数 → 整数 → 有理数 → 実数 → 複素数

と、数が拡張されていきました。それにともない、数世界も、

半群 → 群 → 環 → 体 → 完備化 → 代数閉包

と、広がっていきました。最後の2つは操作の名称なので、同列に並べるのは変ですが、響きだけでも拡張されていく世界を味わってもらえたらと思います。では、決め台詞（ぜりふ）はヘンローズにまかせましょう。

「ここまで、よくついてきてくれた。いま、おまえはようやく、『地球上の数の概念』が俯瞰（ふかん）できるようになった。そしてついに、『ほかの文明における数』を調査して、比較することができるようになったのだ！」

そして、超絶世界へ

「どうせなら、あと2つ見てしまおう。ここからは複素数をも超えた未知の世界だ」

まずは、「四元数」です。さきほど、複素数は2つの項を足しあわせた形なので二元数と呼ばれると言いました。四元数は、4つの項を足しあわせた数で、こんなかたちをしています。

$$a+bi+cj+dk$$

4つの実数 a、b、c、dと、3つの虚数記号 i、j、kからなりたっている世界なのです。

複素数は、幾何学でいえば、2次元平面の点を示しています。2つの実数を縦横の軸とする平面上の点に対応しているからです。つまり、虚数という一見、現実世界では役に立ちそうにないものが、使い方によっては、この平面内での幾何学を記述できる便利なものになっています。

では、この複素数の世界を3次元空間に拡張できないかと考えたのが、アイルランドの数学者ウィリアム・ローワン・ハミルトンでした。彼が構築した四元数の世界は熱狂的に信奉され、宗教の教団のようでさえあったようです。天才数学者が開く別世界へのカギといわれれば、それは魅力的ですからね。しかし、晩年のハミルトンは四元数の実用化にとりつかれたまま不遇の死を迎え、その後、「四元数カルト」の熱は急速に下火になっていきました。現在では、その価値が再評価され、3次元の回転や人工衛星の姿勢制御、さらにはコンピュータ・グラフィックスなどに応用されています。

では、さらにその上の拡張はないものか。じつは、あります。それが「八元数」です。長いのでもう式は書きませんが、8つの実数と7つの虚数記号でなりたっています。

じつはこういった拡張は限界知らずで、人工的にどんどん創ることができます。実際に、さらに大きな「十六元数」もあります。と、ここでヘンローズが身を乗り出します。

「しかし、拡張していくと、これまでのルールがどんどん破れていくんだ。たとえば四元数の世界では、交換法則が破れている。掛け算を交換すると積が同じにはならない非可換の世界だ！」

そう言うと、ヘンローズはノートに２×３≠３×２と太々と書きました。

「さらに八元数では、結合法則が破綻してしまう！　数学用語では『八元数は乗法ノルムがなりたつものの中で最大の拡張』とされている。『ノルム』とは、まあ一般的な距離の概念という意味だ。つまり一般的には、八元数が最大の数の世界といえる、ということだ」

なお、十六元数の世界では、もはや割り算ができなくなり、四則演算が成立しません。

「だから、数の概念が発達している宇宙人が、四元数や八元数を使っているとは限らないんだ。しかし、彼らが住む惑星環境が、なんらかの理由によって掛け算の順番を区別しているならば、四元数は『彼らにとって自然な数』となる。ということは、数の概念は、その宇宙人の環境や、文明の成熟度に多分に影響されると考えられるわけだ」

自然数を創造するためのルール

ここでヘンローズはノートにまたすごい筆圧でなにやら書きながら、しゃべり続けます。

「これでようやく、俺が本に書き、おまえが心を奪われた、最初の問いに戻ることになる。すなわち、『自然数とは、本当に自然発生的なものなのか』という問いだ。じつは自然数とは自然な数ではないと考え、これをきちんと数学的に定義したのが、ペアノという19世紀後半の数学者だ。それまで人類は自然数を数千年も使ってきたが、誰もそんなことは考えなかった。ペアノは

自然数の定義

◉次を満たす集合Nが自然数である。

I	NからNへの写像 f が存在する（操作の定義）
II	Nには1が存在する（始まりの数）
III	$f(1)=1$ となる元は存在しない（後者の存在）
IV	$f(x)=f(y)$ ならば $x=y$（一意性）
V	Nの部分集合Sで以下の条件を満たすものはS＝Nしかない（最小性） 条件：1がSに含まれ、aがSの元ならば $f(a)$ もSの元

ペアノの公理

『自然数を無から創造する』ということを、初めて成しとげたのだ。よし、できたぞ」

ヘンローズは自分が書いたものに、なぜかうっとりするような目でしばし見入ったあとで、あなたに見せました。受け取ったあなたは、思わず声に出しました。

「これが自然数の定義？　うそでしょう？」

「ふふふ。これがペアノの公理だ。誰もが何も考えず使っている自然数を、ちゃんと定義しようとするとこうなるのだ。どうだ、よくまとまっていて美しいだろう？」

と、目をきらきらさせているヘンローズには申し訳ないのですが、これを見て美しいと感じるのはごく限られた人だけでしょうし、ほとんどの人には意味不明ですから、ここでは公理の説明はしないでおきます。

みなさんには絵画でも眺める感覚で見ていただければ

十分です。

とはいえ、こんな法則をつくってしまったペアノが偉大であることは間違いありません。どんな世界の、どんな文明でも、この法則を使えば同じ自然数が生みだせるのですから、ファーストフードのハンバーガーをつくるマニュアルのようなものです。このように常人とは次元の違う視点をもっていたペアノは、趣味で「世界共通言語」として無活用のラテン語をつくりました。一度、彼のような視点に立ってしまうと、数だけではなくあらゆることを合理的に扱わないと気がすまなくなってしまうのでしょう。

「無から自然数を創るのにこれだけの法則を必要とするということは、『自然数』とは、放っておけば自然にできるものではないということだ。おそらくそれは、その数を創造する文明によって違ってくる。だから、自然数がどの惑星やどの知的生命にとっても変わらない、普遍的なものとはいえないのだ。シュペングラーも、そう指摘している」

オスヴァルト・シュペングラーは20世紀ドイツの哲学者で、こういうことを言っています。

「各文明にそれぞれの数世界があり、自然数ですら、後天的なものだ。数とは幻想である」

だからこそ、数の概念を調査することが、その宇宙人の文明を測る一つの指標になるのだ——

あなたはそう気づき、深く納得したのでした。

長く、暑苦しくも、有意義だったことは間違いない講義の翌日、まだ頭の疲労がとれないまま図書館に向かったあなたを、またしてもヘンローズは待ち構えていました。

「きのうはありがとうございました。大変勉強になりました。読者サービスはもういいですよ」

「そう言うなよ。じつはあれから、もう一つ話しておいたほうがいいことを思い出してな」

「……まだ、あるんですか」

「物質の基礎単位が元素であることは、宇宙共通の原理だよな。だったら宇宙共通の、数の基礎単位は何だろうという話だ。どうだ、知りたくないか？」

「……知りたいです」

ヘンローズは嬉々として、またノートを広げました。

「俺は、すぐれた数の概念をもつ宇宙人の数学は、自然数ではなく、素数をベースにしているのではないかと考えている。いうまでもなく素数とは『1と自分自身以外では、それ以上割ることができない数』だ。それ以上は分割できないというところに、まさに元素と共通するものを感じさせる。きのうの話でおまえもわかったように、一見、基礎的な数に思える自然数は、じつは環境に影響される部分が大きい。素数のほうが、ずっと基礎的なものに思える。素数を掛け合わせると、すべての自然数を表現できるとも考えられているしな。

地球人にとって素数はまだ謎が多く、その奇妙さに振り回されている。超難問とされたリーマン予想も、素数の出現確率に関係している。しかし素数の謎をすでに解明しているような宇宙人なら、素数による数学体系をもっていると考えるほうが、はるかに自然に思えるんだ」

あなたはヘンローズの考えには納得でき、そうかもしれないと思いますが、素数をベースにする数学が実際にはどうなるのか見当もつきません。2、3ときて次が5、その次が7、その次は11……そんな数学、ありえるのでしょうか。

「ひとつ、地球にも面白い数学がある。『p進数』という人工数だ。pは素数を表すPrimeの頭文字をとったものだ。きのう、有理数から実数へ拡張するときに、『距離』という概念が出てくる話をしたが、この距離の定義を『素数ベース』に変えることで生まれる、新しい数世界だ。

おまえがつらそうな顔をしているから言葉だけで言うと、通常の絶対値で定義した距離では、たとえば1から2に近づく場合、徐々に距離は小さくなり、1, 0.5, 0.25…と、最終的には0に収束する。ところがp進数では、なんと近づけば近づくほど、距離としては逆に大きくなってしまうんだ。意味不明？　そうだろうな。しかし、これが矛盾なく成立するのがp進数の世界なんだ。とにかく、距離の定義を素数ベースの不思議な距離に変えるだけで、実数への拡張と同じように、新しい世界が実現するんだ」

あなたは尋ねます。そんな勝手に考えただけの人工的な距離に意味があるんですか？

「いい質問だ！　じつは『オストロフスキーの定理』といって、距離というものを本質的に定義すると、実数距離とp進数距離に限られるという強い数学的制限が発見されているんだ。つまり、いろいろあるアイデアの一つではなく、かなり本質的な定義の一方を占めているということだ。となると、宇宙人がこの『変わった数』を用いていても不思議ではないと思えてくる。p進数は、俺たちを宇宙の数学に導いてくれる橋渡しかもしれないんだよ」

うっとりと遠くを見る目になっているヘンローズを見ながらあなたは、図書館通いの初日と比べると、数というものがまったく違うものに思えてきているのを感じていました。

それにしても、と我に返ったように、ヘンローズがあなたを見て言いました。

「俺たちはラッキーだった。調査団の試験は超難関なんだが、今回はたまたま左右対称で5本指の人員が必要で、俺たちはそれだけで即採用されたらしい。ん？　どうした？　聞いてるか？」

第10章 宇宙人の孤独を知っていますか?

いつ終わるとも知れない宴が続いています。大音量の音楽、一心不乱に踊る人たち。ステージを高速回転させて疑似的な無重力空間をつくりだし、奇妙な動きで踊る「無重力ダンス」は宇宙パーティーには欠かせないお楽しみです。ステージのまわりには、ステーション本部から届いた各惑星の「郷土料理」が所狭しと並んでいます。

1ヵ月にもおよんだ惑星調査がきのうで終わり、日程最終日のきょうは昼間から盛大な慰労パーティーが催されています。飲んで騒ぐのが好きなのは宇宙共通、と言うより調査団のメンバーは総じて地球人よりタフです。もう夕方だというのに、誰も疲れた様子を見せません。

しかしあなたは、さっき見ず知らずのメンバーに引っ張りこまれて無重力ダンスを踊らされ、けっこう受けたので調子に乗って続けていたら、ちょっと酔ってしまいました。風に当たりたくなって、あなたはドームの外に出ました。

惑星の住人には見えないよう特殊加工された調査団居留用のドームは、環境に与える影響がかぎりなくゼロに近くなるよう配慮して設置されています。あたりはほぼ何もない平原で、ところどころに小さな丘があるだけです。あなたは手頃な丘の一つに登り、岩に腰掛けました。

日没が近づいています。この惑星で見る最後の夕日です。知らず知らずあなたは、この調査のことを思い出していました。

2つの月の下で

派遣された惑星は、地球から見ると「さそり座」にある星の周囲を回っていました。調査団の各チームは、さまざまな惑星の出身者からなる10名で編成され、半数がデータを収集し、もう半数の学者などがそれを解析します。あなたは当然、汗水たらしてデータを集めるほうでした。

「数の概念」チームの調査対象は、惑星のアカデミズム、教育、メディア、一般市民の生活など多岐にわたりました。しかも惑星の歴史に影響を与えないよう、住人との接触は厳禁なので、変装して大学の数学の講義に潜り込んだり、主婦が買い物をしているあとをつけたりと、けっこう胡散(うさん)くさいこともしました。

じつは、これは絶対に秘密ですが、一度、うっかり正体がばれてしまったことがありました。子どもたちが公園で遊んでいるのを見ていたとき、つい油断してマスクを一瞬はずしたら、すぐそばに男の子がいたのです。しまった、と立ち去ろうとするとその子は怖がる様子もなくついてきて、「だれ？　お化け？　宇宙人？」と聞いてきました。「宇宙人だよ」と答えると、それでもついてくるので「おうちに帰らなくていいの？」と聞くと、それには答えず「宇宙人はどこから来たの？」と聞いてきました。そこで、例の立体星座アプリを取り出して、さそり座の星をターゲットに選び、この惑星から見える星座を表示しました。すると私たちの太陽は、３つの星が直

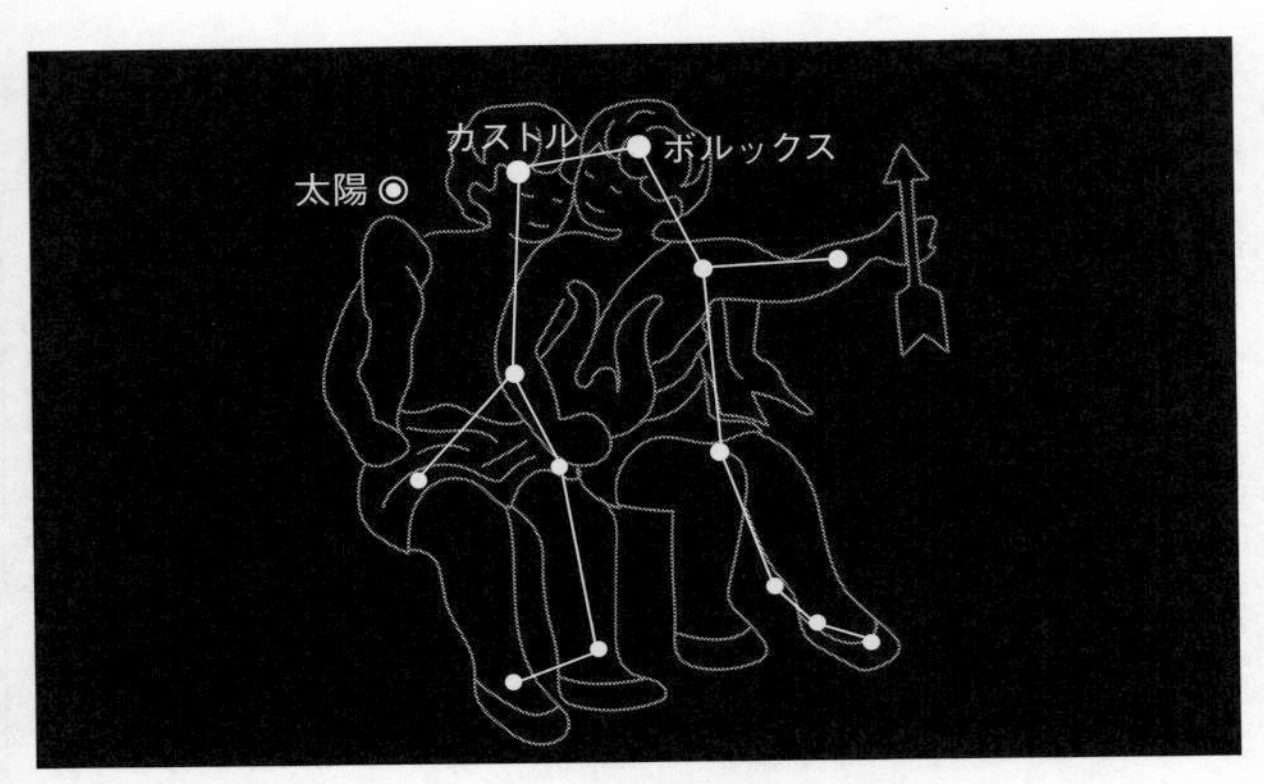

図10-1　さそり座から見える私たちの太陽
地球の双子座に太陽が加わったもの

線上に並んだような配置に見えています（図10-1）。「ここからだよ」と指さすと、男の子は、「三つ子座だ！」と目を輝かせました。そうなんだ、よく知ってるねと感心すると、男の子は答えました。「いつも星の図鑑を見てるからね。ぼく、大きくなったらこの星に行きたい」

同じ「数の概念」チームのヘンローズは、学者なのでデータを解析する側でしたが、勝手に外出してばかりで顰蹙（ひんしゅく）を買っていました。地球脱出のための情報収集をしていたのでしょう。そしてある日、ついに姿を消しました。あなたにはその後、こんな連絡がありました。

「じつは俺が天才と認めるシリウス星人のナマヌジヤン博士が言うには、ある惑星では素数のみを用いた数学体系がすでに完成されているようだ。そこのナッツ博士が画期的な素数ゲーム理論を考案したらしい。彼にかかれば地球の暗号システムなんか一瞬で破られるだろうな。俺はその惑星へ行って学ぶことにした。じゃあな。また会おう」

職務放棄はステーションでは重い罪になると聞いています。ヘンローズの幸運を願わずにはいられません。

あなたは夕焼けに見入っています。この惑星の太陽は２つで、一つはA型、一つはM型です。青と赤、極端に色が異なる組み合わせです。それぞれが沈んでいくにつれ刻一刻と色が変わり、そのため中間の領域も、幻想的なピンク色から、赤や緑へと複雑に変化していきます。カレンダーの写真で見たことはあっても、本物はやはり全然違います。毎日見ても、どれだけ見ていても飽きることがありません。

２つ目の太陽がようやく地平線から消えると、少しずつ夜の帳（とばり）が下りてきます。この惑星には大きさが異なる２つの月があり、今夜はどちらも半月です。２つの光が天空から見下ろしているさまは、まるで巨大な生き物の両眼のようです。

後ろのほうで、足音が聞こえます。酔っぱらった調査団の誰かが、自分のように風に当たりにきたのでしょう。足音はそのあとしばらく止まりましたが、また聞こえてきて、今度はあなたに近づいてくるように思えました。少し緊張して、耳をそばだてます。ついに足音はあなたの真後ろまできて、止まりました。明らかに変です。誰だ？　身構えると、声がしました。

「LOVE」

はっきりと、そう聞こえました。何が起きているのか理解するまで時間がかかりました。理解して、振り向くとそこに、会いたくて会いたくてしかたがなかった人が、満面の笑みを浮かべていました。

5000年間、気がつきませんでした

「どうしてこんなところに？」

ペガスス座の友人と並んで岩に腰掛けたあなたは、あまりのことに混乱しています。

「私も惑星調査団のメンバーなんです。所属は『エネルギー利用』チームです」

「そうなんですか！　……お会いしたかったです、ずっと」

「私もです」

しばし無言になって二人は、満天の星を見上げました。

「私、手を尽くして調べたんですよ。意味も、読み方も。いまのこの気持ちが、LOVE？」

どきっとして彼を見ると、星を見上げたままでこう続けました。

「本当に、この美しい星たちを見ると自然に、大切にしたいという気持ちになります」

ほっとしたような、少し残念なような気持ちです。さらに彼は言いました。

「そして、この星々には、それぞれ惑星がある。あなたや私、そして宇宙のほとんどの人たちは惑星に住んでいる。いまでもそれが、信じられません。だって、まったく見えないんですから。恥ずかしながら、うちの惑星では系外惑星の発見はかなり最近のことだったんです」

地球では「系外惑星」といえば「太陽系の外の恒星を回る惑星」と同義ですが、宇宙ではその定義は「自分が住んでいる恒星系の外の恒星を回る惑星」と、一般化されなくてはなりません。

地球人も文明を築く以前から、太陽や月や星を観測してきました。しかし、5000年以上にわたるその歴史で、初めて「この太陽系以外にも惑星があるんだ！」とわかったのは、ついきのうともいえる1990年代のことでした。第6章で挙げた、地球人の宇宙観を大きく変えた偉大な業績の一つです。それにしても、考えるほどじつに不思議です。いったい、その間、何を見てきたのでしょう？　「5000年間、星を見つづけてきた」のに「その傍の惑星が見えなかった」のです。星と惑星の間には、これほど大きな違いがあります。

地球で急速な発展をとげている系外惑星という研究分野の立て役者の一人が、アメリカの天文学者ウィリアム・ボルッキです。彼は「ケプラー計画」という系外惑星観測の大規模サーベイを成し遂げ、これによって打ち上げられたケプラー衛星は現在、2000個以上の系外惑星を発見しています。こうして5000年たってようやく、この中に地球と同じような環境の惑星はいく

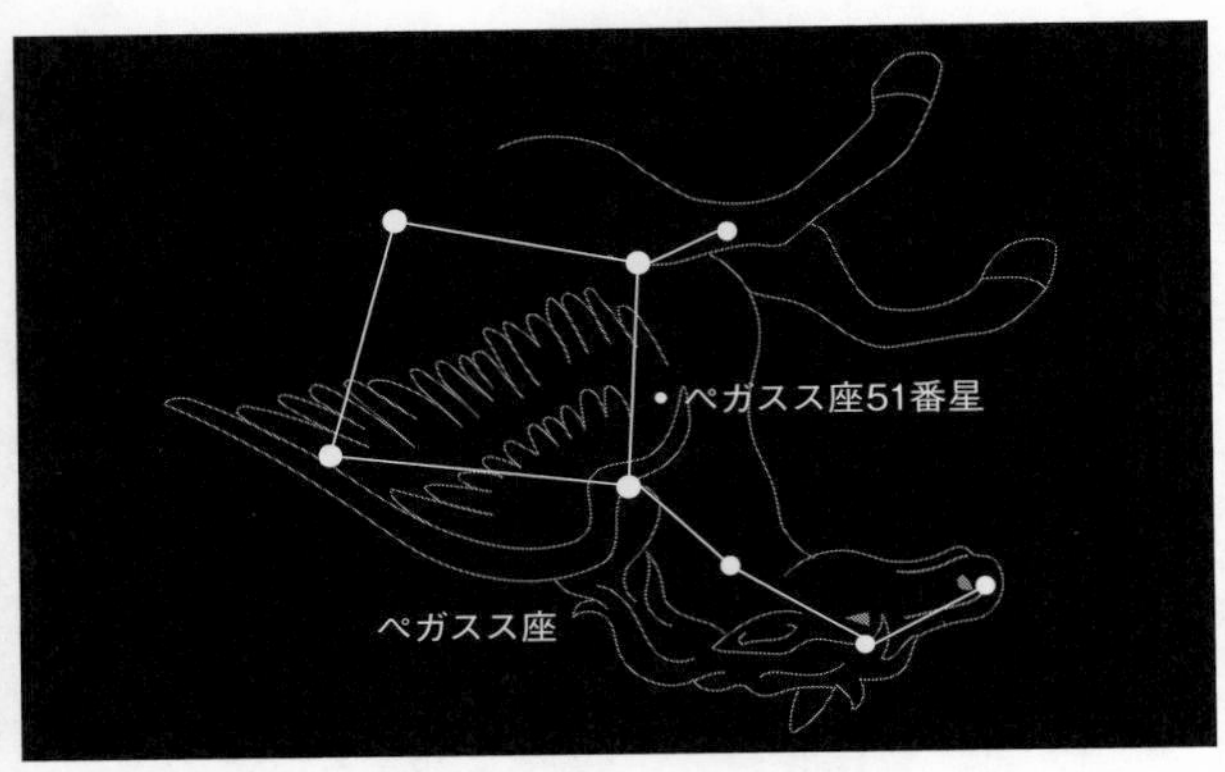

図10-2　ペガスス座51番星

つあるのか、そこに生命はいるのか、ということがSFではなく天文学の言葉で語られるようになったのです。

なお、地球で系外惑星観測の幕開けの年と位置づけられるのは、一般的には1995年です。標準的な恒星である主系列星で惑星が発見されたからです。その場所こそは、あなたの隣に座っている友人の出身星座であるペガスス座です。その恒星は地球では「ペガスス座51番星」と呼ばれ、天馬（ペガスス）の胸あたりにあり、タイプはG型。地球人には親近感をおぼえさせます（図10-2）。

惑星の名前は「ペガスス座51番星b」。長いですが、惑星部分は「b」だけです。ただし、この惑星は太陽のきわめて近傍を回るガス惑星なので、現実に生命がいる可能性は低いと思われているのですが、彼の故郷の惑星はこの星座のどこかにあるはずです。

生命がいそうな惑星の候補は、ただいま10個

生命がいる可能性を考えるときの指標が「ハビタブルゾーン」です。細かい基準は議論がありますが、要するに生命が生存可能な液体の水が存在できる条件のことで、恒星との距離に大きく左右されます。ケプラー衛星が見つけた系外惑星を調べると、それらの「太陽」の半数は極低温型のM型星で、地球の太陽と同じG型星は約2割であることがわかりました。

系外惑星は、現在はおもに4つに分類されています。ガス惑星の「木星型」、氷惑星の「ミニネプチューン型」、地球より少し大きい「スーパーアース型」、そして「地球型」です。

質量で比べるとミニネプチューン型は地球の10倍程度、スーパーアース型は地球の数倍～10倍で、地球型は文字通り地球サイズに近いものです。その数の比率はおよそ、

木星型：ミニネプチューン型：スーパーアース型：地球型＝2：4：3：1

となっています。最初は巨大な木星型の発見例が多かったのですが、それは単に見つけやすかったからで、現在はミニネプチューン型が最も多くなっています。

地球サイズに近い岩石惑星であるスーパーアース型と地球型は数百個あり、そのうち生命が生存している可能性が高い有力候補は10個程度であることが報告されています。しかしこれから観

測技術が進めば、さらに増える可能性は十分にあります。

以前は、NASAが「ついに地球サイズの惑星が見つかった」と発表すると一般的にも大きなニュースになっていましたが、最近は、それだけではたいして目新しくなってしまいました。それほど地球人が宇宙を探査する技術は、ここ数年で急速な進化を遂げているのです。

惑星の重力が生物のサイズを決める

ここで、系外惑星のサイズについても少しふれておきます。惑星のサイズは、「重力」と深い関係があります。重力は大気を地表に引きとめておくために必要で、火星のようにサイズが小さく重力が地球の10分の1程度では、大気が宇宙に飛んでしまい、生命の生存は難しくなります。地球サイズの系外惑星を探すことは、岩石惑星であるだけでなく、重力という点でも重要なのです。

また、惑星の重力は、生物の大きさにも関係しています。体重は、惑星の重力に比例し、「生物の大きさ」の3乗に比例します。しかし、体重が重くなりすぎて自力で立ち上がれないのは致命的なので、生物が立ち上がる力を考えると、骨格の構造と筋力が大きく関係しています。そして筋力は筋繊維の密集の度合いと考えれば断面積によって決まり、「生物の大きさ」の2乗に比例します。この2つの比較から、生物が立ち上がれる限界の力が決まります。結果として、生物の大きさは惑星の重力に反比例することがわかります。

たとえば地球史上最大の生物は恐竜ですが、もし重力が地球の2倍ある惑星で同じような体の構造の恐竜が現れたら、その大きさは地球の恐竜のほぼ半分でなければ立ち上がれません。スーパーマンは私たちと同じ体の大きさで、力が10倍以上はありそうです。とすると、彼の故郷の惑星の重力は地球の約10倍もあるのかもしれません。もしそうなら、木星でさえ重力は地球の2倍ちょっとなので、もはや太陽クラスの超巨大惑星ということになります。

ところで、生命がいる可能性がある天体として、これまでは惑星ばかり考えてきましたが、じつは「月」にいる可能性も捨てきれません。すなわち衛星です。

月はそれ自体、第8章でも述べたように惑星の生命リズムの源なので、系外惑星の環境をつくる要素としても大変重要です。では、系外惑星を回る月は見つかっているのでしょうか？

答えは、ノーです。理由は、単純にまだ観測技術にそこまでの精度がないからです。しかし、月は生命と密接に関わっていますので、これからは非常に重要なテーマになってくるはずです。

太陽系の中の「距離感」

星空を見上げながら、ペガスス座の友人がまたつぶやきます。

「別々の惑星に住んでいるのにどこか似ている私たちが、こうして出会える確率はいったい何分の1なんでしょう。きっと分母の大きさは『天文学的』なんて言葉もなまやさしいほどでしょうね。こんなにたくさんの星どうしはどれだけ離れているか、あなたはご存じですか?」

そう、現実的に宇宙人と交流できるかどうかを考えるとき、大きな壁として立ちふさがるのが「星どうしの距離」です。

地球のご近所までの距離感を、AUという単位を使って見てみましょう。別名を「天文単位」といい、1AUは地球から太陽までの距離で約1億5000万kmです。光なら8分ちょっとで着くので、人間にとっては駅から徒歩圏内の物件といった感覚です。

まず月までの距離は、AUを使うまでもなく、約38万kmと非常に近いです。ただ、私たちが実際にそこへ行くには、有人のロケットでおよそ4日かかります。

火星までの距離は、およそ0・5AUです。設定にもよりますが、有人のロケットで行くには、およそ半年ほどかかります。

木星までは、約4AUです。この長距離になると、行き方にもさまざまな選択肢が出てきます。一度で行くには燃料をたくさん積みこむ必要があるので、他の天体を利用して加速するスイング・バイという方法を用いたほうがいいかもしれません。たとえばいったん、金星の周囲を回って加速させるのです。その場合、最終的にはおよそ5年はかかるイメージです。

ただし無人探査機なら、話は大きく違います。質量を軽くし、燃料も効率化すれば、地球から飛び立って直行できます。実際、ニュー・ホライズンズという探査機は13ヵ月ほどで到達しました。光なら、33分で行きます。歩いていく距離としては、近くはないですね。

惑星ではありませんが、冥王星までは約39ＡＵです。もうご近所ではありませんね。では太陽系の端はどこかというと、じつは境界は非常にあいまいです。まだ解明されていない領域が多いからです。最遠の小天体として「カイパーベルト」といわれるものが、約50ＡＵくらいまでの領域に帯状に広がっているとみられていますが、正確にはどこまでかは不明です。

太陽系の大きさを表すには「太陽圏」という言葉が使われます。その一つの目安は、太陽からの太陽風が届く限界の「ヘリオスフィア」と呼ばれる範囲です。これがおよそ１００ＡＵです。しかし、そこからはるか遠方の1万〜10万ＡＵのところに「オールトの雲」と呼ばれる、長周期の彗星が通る場所があり、まぎれもなく太陽の重力によって引きつけられています。ということでここまでを太陽系と呼んでもよさそうです。俄然、とてつもなく広い範囲になります。

ボイジャーが積んでいるのは「遺書」か

地球人がつくった人工物が、どこまで遠方にあるかという話もしておきます。それが、地球人が実際に「現地調査」できている最遠の場所だからです。現在、その記録保持者はボイジャー1号。この人工衛星はいま太陽系を離れ、別の星へ向かおうとしています。

ボイジャー1号は1977年に打ち上げられ、宇宙でさまざまな天体を撮影してきました。有名な作品に1990年、太陽とすべての惑星たちを約40AUの距離からカメラに収めた「最後の家族写真」があります。そしてこれは、ボイジャーにとって「最後の撮影」となりました。

しかし、通信はいまも途切れることなく、定期的に手紙を送ってきてくれています。2012年にはついに、太陽圏を抜けて恒星間空間という領域に入ったことを知らせてきました。人工物が、太陽系のいちおうの目安を越えたのです。

頼もしい私たちの息子はいま、約146AU、光なら20時間ほどのところにいて、秒速17kmで遠ざかっています。2025年くらいまでは通信可能といわれていますが、オールトの雲まではとうてい達しないでしょう。そこまでの距離は前述のように約10万AUです。約6・3万AUが1光年なので、オールトの雲を太陽系の端と考えるなら、ここまでが「太陽が影響をあたえる領域」とみなすことができます。1つの星が支配する「○○系」を「国」にたとえると「太陽圏」までが「陸地」で、その先の「領海」がオールトの雲までとなり、これら全体を含めた国の大きさが、約1光年ということです〔偏差値〕。

ボイジャーはいま、ようやくこの海に漕ぎ出したばかりです。ボイジャーは「ゴールデンレコード」といわれる、地球の文明を伝える大量の画像や言語音声や音楽などのメッセージを積んでいますが、お隣の「国」である、4・3光年先のケンタウルス座の星に達するまでにも4万年はかかると予想され、その頃まで人類が生存しているかどうか、まったくわかりません。文明が数万年も継続するとは、普通は考えにくいところです。そう考えると、ボイジャーのメッセージがもしも宇宙人に届いたとき、それはすでに滅んだ文明が最後に宇宙空間へ送りだした「遺書」ということになります。

星の絶対的な孤独

このように、宇宙における星という「国」どうしは、お互いに異常なほど距離をとっています。私たちがどこかの「国」へ移動することは、絶望的といえます。

では、通信することで、交流を図れる可能性はどうでしょうか。たとえば「ケンタウルス国」に光を使ってメッセージを送ると、4年かかってようやく向こうがそれを受け取り、すぐに返事をしても往復で8年以上がかかってしまいます。

それはしかたなく受け入れるとして、では、たとえば1等星という最も明るい部類の星にしぼってみて、「太陽国」が通信できる範囲はどこまでかを考えてみましょう。ルールとして、地球人の寿命を考えて、メッセージの往復にかけられる時間は最大70年ほどとします。なんとか1世代で1往復の通信は可能とみなせるからです。つまり片道の距離は35光年程度です。

すると、この範囲にはなんと9個しか1等星は存在しません。最遠は37光年離れた、うしかい

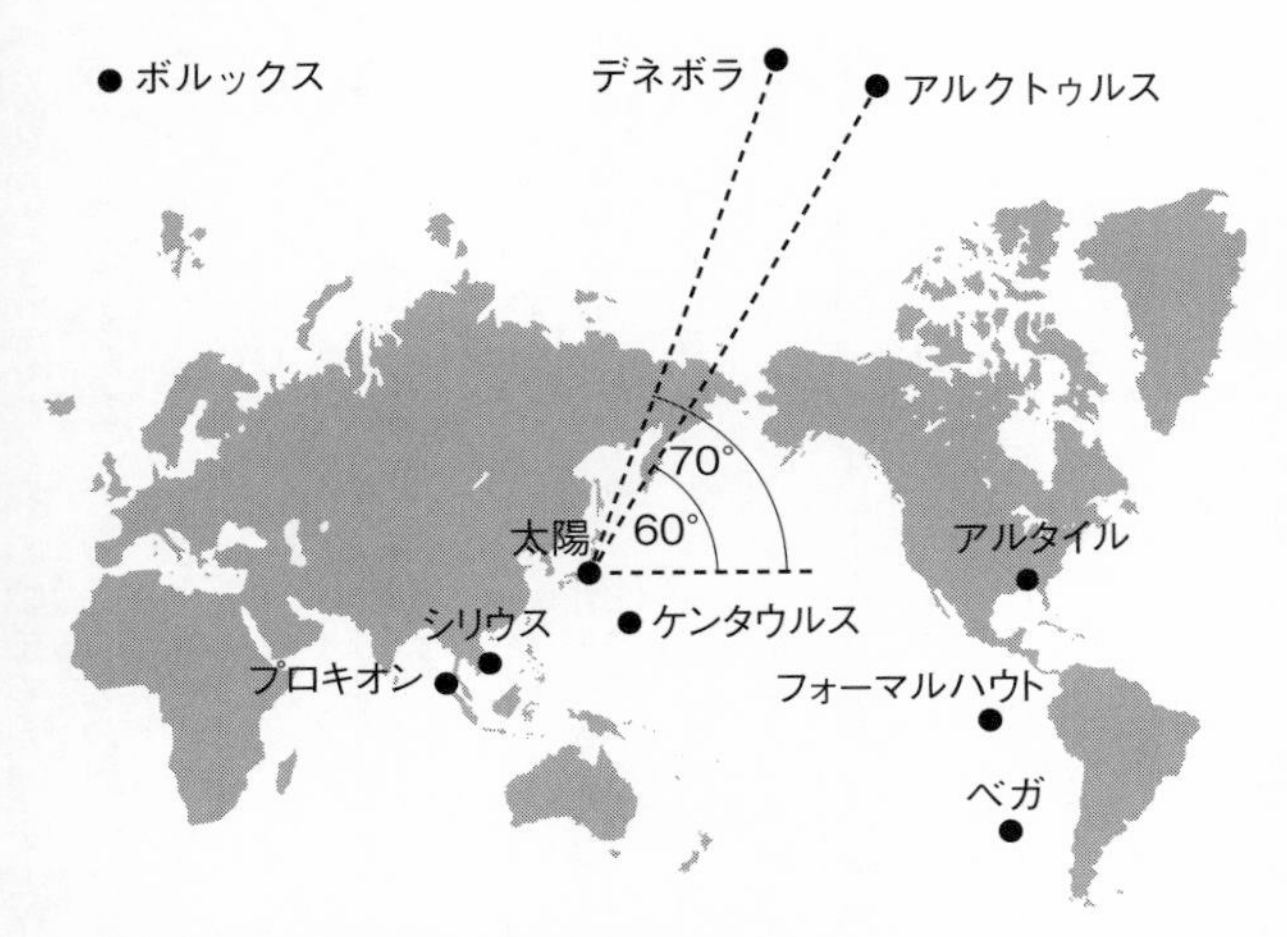

図10-3　交信可能範囲の星を国にたとえると……

座のアルクトゥルス星です。太陽自身を含めると、国が全部で10しかないのです。国旗を覚えるのも、簡単そうですね。これを地球の地図に重ねた図を見てください（図10－3）。

この地球上に、この10ヵ国しかないと想像してみてください。どんなに寂しく、孤独な世界かわかるでしょう。たとえば日本のほかに、アジア、ヨーロッパ、アフリカ、南米、北米、オセアニア、北極、南極とわりふっていけば、ほぼ同じ数です。それぞれの地域にたった一人だけ、友だちになれるかと連絡しても、返事がくるのは35年後。絶望的孤独です。

しかも、宇宙空間での距離は単純な平面上のものではなく、立体的な高さを含みます。つまり、南米にわりふった「アルクトゥルス国」は、地面にさえ存在せず、はるか上空高くに浮かんでいるのです。高さは星の銀河座標の「銀緯」で表現されますが、日本から60度の上空にあるのです。9つの「国」のうち最も上方にあるのはデネボラで、銀緯で70度にもなります。もはや雲の上で、親近感もわきません。星どうしは銀河面内でも距離が離れすぎているうえに、銀河面から見た高さも異なるという絶対的に孤独な状況にあるのです〔偏差値〕。

宇宙人文明の交流を妨げる壁

宇宙人に興味のある方なら、「ドレイクの方程式」はご存じでしょう。アメリカの天文学者フランク・ドレイクが、銀河系内には地球人が交信可能な文明はいくつあるかを見積もったものです。方程式と呼ぶにはおおざっぱな、さまざまな割合を単に掛け合わせただけのものです。

たとえば、「銀河系に毎年できる恒星の数」×「惑星をもつ確率」×「ハビタブルゾーンにある惑星の数」×「知的生命まで進化する確率」などの項があります。しかし、考えてみればあたりまえのものばかりで、しかも、それぞれの項にそれほど意味のある値を与えられるわけでもありません。なので、ここではドレイクの方程式の詳細は示しません。

ただ、この式で重要な示唆を与えてくれるのが、「電波で通信できる範囲」と「交信できる文明の寿命」との関係についてです〔偏差値〕。

その意味するところはさっきの1等星での例と同じです。人類の文明の寿命が仮に1万年だとすると、1万光年先に文明があっても、事実上、通信は不可能ということです。

最も近い星々として、星座として見えている2等星（はくちょう座のサドル星）までの距離を半径として、太陽系を中心とする円を描くと、だいたい半径２０００光年の円になります。およそこれが「肉眼でも見える星座」の世界の大きさといえます。この距離なら、ローマ帝国の時代に発信した光がいま届くので、文明の存続範囲内ということになります。古代エジプトの古王国時代に出せば、返信ももらえます。この範囲の中に、星座として見える星は約45個存在しています。わずか45個というべきかもしれませんが。

たしかに銀河には、星の数ほど恒星があり（妙なたとえですが）、惑星もあり、生命がいる環境があることは間違いないでしょう。そして文明がある可能性ももちろんゼロではありません。しかし、星どうしは圧倒的に離れているので、通信を試しても、メッセージが届く前に、文明のほうが寿命を迎えてしまうのです。

逆に、これまで宇宙人からまったく音沙汰がないことが、宇宙における「文明の寿命」の短さを示唆しているのかもしれません。本当なら、文明が発展するほど、宇宙人と交信できる能力は高まるはずです。なのに、どこからも何も言ってこないのは、文明の発展は原子力などの、文明を一瞬で崩壊させる不安定要素も増やすからかもしれません。じつはたくさんあった宇宙文明も、私たちに通信が届く前にすべて滅び去ったのかもしれません。すると、文明の交流が実現するかどうかは、交流能力の向上と、不安定要素による崩壊のかねあいがカギになるといえます。

おそらく、銀河系内の文明の数をいくら方程式から算出しても意味はないのです。「星どうしがあまりにも離れている」という現実を「文明の寿命」を延ばすことでよほど補えないかぎり、宇宙人はお互いに、あまりにも孤独なのです。

リアルな宇宙人交流の手段はあるか

ここで読者のみなさんは言うでしょう。だったら、さまざまな宇宙人は惑星際宇宙ステーションにいったいどうやって集まっているんだ！　と。まったくおっしゃるとおりで、本書はその設定をなんとなーく容認していただくことを願いながら書かれたものです。

回答の一つとしては、ワームホールを利用するなど、なんらかの超光速移動手段が確立されている、という方向性のものになります。あえて言えば、ＳＦ路線です。その可能性は絶対にゼロだとまでは、誰にも言い切れないのではないかと思います。

もう一つの回答として、もっと現実路線で考えたい方には、こんなアイデアを紹介します。

リアルな身体どうしで会うのが難しいなら、バーチャル空間で会うのです（これでも通信を超光速にしなくてはならないので、完全に現実的とはいえませんが）。

ＶＲチャットというものをご存じでしょうか。ネット上で、それぞれのユーザーが別の自分、いわゆる「アバター」となってバーチャルな空間に集合し、交流する世界です。

ネット社会での交流と同じでしょ？　と思われる方は、ぜひ秋葉原などでＶＲ体験をしてみましょう。簡単なつくりのゴーグルをつけるだけで、目の前にじつにリアルな仮想空間が現れます。自分が首をふれば、空間内でその方向を見渡すことができ、音声はもちろん、物にふれたり、物を持ち上げてその重さを実感することも可能になってきているようです。超人的にジャンプすることも思いのままです。

お互いの顔が見えて、ふれることもできますが、その顔や身体は決してあなた自身のものではありません。好きなキャラクターなどが、あなたの代わりをつとめます。これが「アバター」です。こうした世界はまだそれほどスタンダードに普及はしていませんが、現実にあります。

ステーションでは、本当の彼らの身体は、遠い惑星にいるままなのかもしれませんし、どこかを宇宙船で移動中なのかもしれません。ただ、いまのコロナ禍において、私たちはＺｏｏｍなどのリモートで交流することを、あたりまえに感じはじめています。いつかは、このようなＶＲ空間での交流に対して、リアルでの交流と比べてさほど違和感をおぼえないように宇宙人たちが変化していく可能性も、ないとは言い切れないのではないでしょうか。

もっとも、いまうっとりと夜空を眺めている二人の世界だけは、リアルであってほしいと筆者としても願うのですが。

星団星人にはご注意を！

そんな二人のところへいま、あなたと同じ「数の概念」チームにいて親しくなったあるメンバーが駆け寄ってきました。

「おい、捜したぞ地球人！　俺の故郷の仲間を紹介してやるからこっちに来いよ」

できればずっとこうしていたいと思いましたが断るわけにもいかず、あなたはその人についていきます。

もしも宇宙人が自分の惑星にやってきたとき、単なる好奇心や、交流を図りたいという目的ならいいのですが、それだけではないこともあるでしょう。自分の惑星が滅びそうなので移住したい、あるいは侵略したいと考えている可能性も、最初は考慮に入れるべきです。どちらなのか、おおよその見当をつける目安として、その宇宙人が「星団」の出身者であれば要注意です。

彼らの文明は、すでにほかの宇宙人との交流を実現していて、その次の段階にあるといえます。地球人類の歴史を見ても、まずは周辺の小さいいくつかの国々が交流をして、やがて結束して、大国になります。すると今度は別の新しい土地に進出し、侵略して領土を拡大していきました。星団とは、数百個以上もの恒星がかたまってできた集団です。これまで見てきた孤独な星たちとは異なり、星どうしの距離も1光年以下と非常に近いのです。そのぶん連星の形成や、星どうしの衝突、弾き飛ばしなどが頻発している激戦区といえます。

序章であなたが初めてカフェに足を踏み入れたとき、やや遠くのテーブルからあなたを観察している、何人かの感じの悪い人たちがいました。彼らが星団の出身者です。

星団は銀河の中心にいくほど多くなります。いわば都心や繁華街です。太陽系は、あくまで片田舎なのです。星団の中であれば、これまで話してきた交流の難しさは一気に解消する可能性が高いと思われます。距離によっては直接移動をすることも不可能ではないでしょう。

すると、ある星団はすでに巨大な帝国のようになっているかもしれません。しかも、厳しい環境で揉まれてきたのなら、なおさら侵略や支配といった言葉が浮かんできます。

「こいつは俺の星のすぐ隣にある星の出身なんだ。同じ星団どうし、気が合ってね」

どうやら、地球から見たさそり座のしっぽのあたりにある星団のようです。このあたりは銀河中心の方角で、実際にさそり座には多くの星団があります。

まあ、少々がさつですが、そう悪い印象はありません。紹介された星団人と、あなたもやがて意気投合しました。するとその彼が、軽い口調で言ってきました。

「ところで、ぜひ一度、あんたの惑星にお邪魔したいんだけどいいかな？」

いいとも、と気軽には返事できないものを感じ、あなたはあいまいな返事をしてしまいます。友をもつならG型星人かな、と今度はしっかりゲットした連絡先を見ながら思いつつ。

第11章 エネルギーは何を使っていますか？

「こっちこっち！」。あなたがステーション帰還用シャトルに乗り込んで通路を歩いていると、奥のほうで手を振っている人がいます。ペガスス座の彼です。きのう別れたあと、「帰りは隣の席をあけておきます」と連絡をくれていたのです。

「どうぞ、こちらへ。帰りの眺めもよさそうですよ」

と、彼は窓際を勧めてくれました。ほどなくシャトルは、気づかないほどの静かさで離陸し、ぐんぐん高度を上げ、あっというまに大気圏を突破しました。1ヵ月を過ごした惑星がもう眼下に見えます。大気の合間からのぞく地表は赤みがかっていて、火星に似ている気もします。

キャビン・アテンダント風の人たちが団員に、よく泡立つシャンパン風の飲み物を注いで回ります。全員に行き渡ると、最前列にいた団長が立ち上がり、グラスを掲げて挨拶をしました。

「みんな、本当によくやってくれた！　ありがとう！　では乾杯！」

あなたと彼もグラスを合わせ、ひと息ついたところで、まず彼のほうから聞いてきました。

「いかがでした？　この惑星を調査してみた印象は」

魔法のような液体燃料

「担当した『数の概念』にかぎらず、すべての面において、私が住む地球よりも文明は発達していると思いました。たとえば歴史を調べても、国家間や民族間の紛争はもう長い間、起こっていないようですし。ステーションがコンタクトをとって交流しても問題ないと思いました」

　彼はうなずきながら聞いています。

「指が左右非対称で、左が6本、右が3本だったのには最初は驚きましたけどね」

「私もです。このとおり私は左右対称で4本ずつなので」

「ところが『数の概念』という意味では、それが面白かった。彼らの数は6進法で、ものを数えるときは左手の指を6本折ったら、右手の指を1本折る。これが6を表す。そうしたらまた左手の指で数える。こうすることで、右の指で3×6＝18、左の指で6と、9本の指で最大24まで表現できる。左右の指に違う機能をもたせるというのは、左右対称だと思いつかない発想ですね」

「観察が行き届いていますね。すばらしい！」

　数の「師匠」にもほめてもらえそうな気がしましたが、このシャトルに彼の姿はありません。

「エネルギー利用の面では、何か面白いことはありましたか」

　今度はあなたが話を振ると、彼は大きくうなずき、勢い込んで話しはじめました。

「それが大ありで！　彼らは見たこともない液体燃料を使っているんですよ。とてもよく燃えるし、液体なので扱いやすい、まるで夢の燃料でした。地下を掘ると出てくるらしいです」

　聞いていて、あれのことだろうと思ったあなたは、その言葉を知らない彼にどう伝えればよいか苦労しながら、身振り手振りもまじえてその燃料について説明しました。

「太古の生物の死骸が変化した？　そんな魔法のような液体が地球にもあるんですか」

　ペガスス座の彼の惑星では、石油のもとになるような動植物が太古にあまり存在していなかったのかもしれません。するとエネルギーは何を使っているのか、あなたは尋ねました。

「私たちはもう長い間、太陽がエネルギーをつくるやり方を真似しています。ご存じかもしれませんが、原子番号1番の元素を高温で高密度な環境におくと、原子の融合が起こって、原子番号2番の元素になります。このときに大きなエネルギーが出るのです」

　地球では「核融合」と呼ばれている方法です。

「かつて素粒子物理学が発展してきたころは、もう一つの方法も検討されました。いまのと反対に、原子が分裂を起こしたときに出るエネルギーを利用する方法です。ところが、分裂を制御することはなかなか難しく、事故が起こったときの最悪の場合を想定すると、リスクがあまりにも大きいことから、『分裂型』は実用化されませんでした」

　いうまでもなく、地球で「原子力」として利用されているのはこちらの方法です。

「安全で環境も汚染しない『融合型』はとても優秀です。ところが、施設の建設コストが非常に高くつくのです。そこでいま、われわれの惑星では補助的なエネルギーを検討する必要に迫られてまして……。地球にも石油があるというのはうらやましいですね。すると、地球ではやはり、石油がエネルギーの中心ですか？」

聞かれて、あなたは言葉につまりました。運よく手にした石油を無軌道に使って環境を破壊し、枯渇しそうだとなったら『分裂型』の原子力に頼り、世界的な大事故を3度も起こしたなどと言ったら、知性を疑われてしまいそうで、答える勇気が出ませんでした。

宇宙はエネルギー源に満ちている

旧ソ連の天文学者ニコライ・カルダシェフは1964年に、宇宙に存在する文明を発展度によって3段階に分けた「カルダシェフ・スケール」を提唱しました。これに私なりに少し補足をして、宇宙文明のレベルを区分してみます（表11－1）。

カルダシェフ・スケールはⅠ、Ⅲ、Ⅶの3段階で、私の補足はその間を埋めたものです。

2020年代の地球は、いまようやくレベルⅡに入ったというところでしょう。仮に火星への移住が実現して初めて、レベルⅡとレベルⅢの中間地点というイメージです。

レベルⅢに達するには、太陽のエネルギーを逃さないようにする必要があります。たとえばアメリカの物理学者フリーマン・ダイソンが考えた、太陽を卵の殻のようなもので覆ってしまう「ダイソン球」のような技術が求められるでしょう。

レベルⅣ以上は、少なくともこれまでの宇宙飛行の技術を根本的に変革し、超光速移動や超光速通信といったアイデアを成功させないと実現は不可能です。

レベルI	その惑星のエネルギーを余すことなく利用できる。「惑星文明」ともいう
レベルII	他の惑星間を移動し、それら全体のエネルギーを利用できる
レベルIII	恒星のエネルギーを利用できる。「恒星文明」ともいう
レベルIV	隣の恒星へ移動し、そのエネルギーを利用できる
レベルV	隣の恒星系の惑星も含めた全体のエネルギーを利用できる
レベルVI	複数の恒星を移動し、それら全体のエネルギーを利用できる
レベルVII	銀河全体の規模でエネルギーを利用できる。「銀河文明」ともいう

表11-1　カルダシェフ・スケールに筆者が補足した文明レベルの区分

ペガスス座の彼の惑星のレベルは、ⅢからⅣへ移行しようとしているところかもしれません。あなたにこんなことも興奮気味に話していたからです。

「それと、調査中にほかの惑星から聞こえてきた噂では、ブラックホールの利用も始まっているそうですよ。ブラックホールは何でも吸い込むだけじゃなく、きわめて高速のジェットも出していることはご存じですよね？　あれをエネルギーとして使うんです。また、ブラックホールの周囲で宇宙船を回転させて、加速させるというアイデアも検討されているそうです。もしもそれが実現すれば、いよいよ恒星間移動が視野に入ってきます！」

実際に、銀河の中心にある巨大なブラックホールは、強烈なジェットを放っています。その速度は光速度の90％以上とすさまじく、このエネルギーをたとえばスイング・バイのようなイメージで宇宙船加速に利用できれば、宇宙飛行は劇的に変化するはずです。進歩した宇宙人にとってブラックホールは、貴重なエネルギー源となっている可能性が高いと思われます。宇宙のあちこちにあって、当分は枯渇しないのも魅力です。

もちろん、いまは想像の域でしかありませんが、発展した文明は必ず、宇宙のさまざまな天体現象をエネルギーに利用しているはずです。核融合も、恒星のエネルギー生成を真似た技術です。ブラックホールにかぎらず、利用可能な現象は宇宙にはたくさんあると思われます。

宇宙人としての教養を養うために

「ところで、あなたはエネルギーについてかなり熱心に研究されているようですが、もしかしたら惑星では、エネルギー政策に関わるようなお仕事をされているのですか？」

ほろ酔い気分も手伝って、あなたは少し踏み込んだことを聞いてみました。すると、彼はしばらく黙ったあと、微笑を浮かべてこう答えました。

「じつは私、大統領なんですよ」

「ええっ⁉　そ、そ、そんな偉い方だったのですか⁉　それはいままで、失礼しました！」

「いえいえ、そんなことありません」

「一国の大統領がみずからエネルギーを研究しに来られたんですか？」

「いえ、私たちの惑星ではしばらく前に、国家はすべて解消されて、惑星全体が一つの共同体になりました。大統領は惑星の代表者で、私はその11代目なんです。初代のころはまだ争いも絶えず大変でしたが、いまは『惑星民』という意識が一人ひとりに根づき、すっかり平和になりました。おかげでこうして留守にしても心配ありません。根が凝り性なもので、エネルギーの勉強をしていると自分でもいろいろ見てみたくなって、つい調査団に応募しちゃったんです」

いたずらっ子のように彼は笑い、あなたは深い感銘を受けました。この頼もしくもチャーミングなリーダーにも、そういう人を選ぶ惑星の文明の成熟ぶりにも。

「うちの惑星でも石油が出ないか、徹底した調査が必要だな。あるいは技術的に生成できないものか……。いずれにしても収穫はあったので、部下たちには叱られずにすみそうです」

おそらく彼の惑星なら、もし石油が実用化されても、CO_2が問題になるようなことはないでしょう。そんなことを思いながら、彼がしている腕時計をなにげなく見ていたあなたは、あることに気づきました。秒針が左回りになっているのです。

「あれ、時計が逆回りになっていませんか？」

「え？　私たちの惑星ではこれが普通ですよ」

時計の針が回転する方向は、少なくとも地球では、日時計の名残をとどめています。かつて使われていた日時計は、太陽の光を受けてできる影が回転することで時間を表していました。その回転方向と同じ方向に針が回転するように、地球の時計はつくられたのです。

　しかし、「時計の針が右回りなのは、日時計の影が右回りだった名残」と説明するのは大問題です。理由はわかりますよね。そう、これは北半球での話で、南半球では日時計の影は逆に左回りになるからです。こんな説明をすると南半球の人から猛クレームを受けそうです。地球の時計が「右回りしかない」のは、時計を最初につくったのが北半球の文明だったからです。

「ということは、地球の時計の針が右回りなのは、地球では比較的、北半球の文明が先に発達したことの間接的な証拠とも言えるのかもしれませんね。そんなこと、気づかなかったなあ」

「たしかに私の惑星では、文明の発達は南半球が先行していましたね。なるほど、面白い」

　調査団では団員たちの時計は秒まで合わせられています。彼とあなたの時計を交互に見ていると、秒針がそれぞれ反対方向からやってきて、いちばん上でめでたく出会っているようにも見えてきます。二人はどちらからともなく、私たちのようですねと言って笑いました。

　最後のエピソードは、ちょっと無理があるかもしれません。ほかの惑星でも同じしくみの腕時計が使われている可能性は、あまり高くないかもしれないからです。それでも最後にこの話を入れたのは、腕時計の針の動きひとつにも、宇宙的な感覚を養うチャンスは隠れているということを言いたかったからです。たとえば、天王星のように自転軸が横倒しになっている惑星とか、あるいは金星のように自転の向きが公転とは反対の惑星では、日時計の影や腕時計の針はどうなるか？　などなど、そこからさらに問いは広がります。

結局、宇宙人としての教養をどれだけ高められるかは、なにげない日常のなかで普遍的なものと、そうでないものをどれだけ見極められるかにかかっているのではないかと思います。地球人にとっては必要でも、宇宙人にとっては無意味なものも少なくないはずです。ぜひ身の回りのものを、宇宙人的視点で見つめなおしてみてください。そのときあなたは地球にいながらにして、名実ともに立派な宇宙人となっていることでしょう。

冒険を終え、すっかりたくましくなったあなたに、この言葉を贈りたいと思います。量子力学の創始者の一人で、プランク定数にその名を残すマックス・プランクのものです。

科学は自然の神秘を解き明かすことではない。
なぜなら私たち自身が自然の一部であり、解き明かそうとする神秘の一部なのだから。

じつに深い真理だと思います。ダークエネルギーや宇宙人原理などは、文明が発達した宇宙人にとっても「神秘」のはずです。つまるところ宇宙を解明していけば必ず、私たち自身の存在や起源についての問いに突きあたるのです。私たち自身も「神秘の一部」とは、まさにそのことを端的に表していて、私はこの言葉にとても魅力を感じるのです。

おわりに

さて、おそらく読者のみなさんが気になっているのは、筆者である私の宇宙偏差値でしょう。もちろんこの本の偏差値ポイントは私が設定していますので、自分でやればすごい偏差値になります。なかには私の主観が混じった問題もありますので、その点でもみなさんより有利です。とはいえ、じつは私も、みなさんと同様にこれから宇宙偏差値をもっと上げていくべき地球人の一人であることに変わりはありません。それを痛感したできごとがありました。

執筆中のある晩、そろそろ寝ようかと思って携帯電話をのぞくと、編集者からこんなお願いメールが届いていました。

「夜分遅くに申し訳ありません。太陽が連星の惑星ではどんなカレンダーになるか、具体的につくっていただけないでしょうか」

いままでこんな突拍子もない依頼をされたことはありませんし、きっとこれからもないだろうと半笑いになりながら、考えてみました。

連星や暦についての知識は、それなりにもっているつもりでした。しかし、いざ真剣に、太陽が連星であるという状況を想像してみると、まだまだリアルにその世界を思い描けないことに気づいたのです。結局、あれやこれやと頭をひねっているうちに、寝るのも忘れて夢中になって、気がつくと夜が明けていました。遠い宇宙のカレンダーに想いをはせながら拝む地球の朝日は、格別な味がありました（笑）。その成果は第3章でご覧いただいたとおりです。

このように想像をめぐらせることは、じつに楽しいものです。でもそれは決して科学者だけの特権ではありません。頭の使い方のコツさえわかれば、誰にでもできるようになります。本書の狙いはまさに、そのコツをみなさんにつかんでいただくことにあります。想像するうちに、宇宙では何が共通の知識であり常識なのかが、なんとなく見えてきます。地球というローカルな環境で身についた固定観念が払拭され、新しい世界観のようなものがつくられていきます。そのときこそ、みなさんの宇宙偏差値が上がるときです。私にとってもあの夜の経験は、偏差値向上に大いに役立った気がしています。

じつは私が最初に書いた原稿の量は、本書の2倍以上もありました。いろいろ想像が膨らんで思いつくまま書いていったところ、上限の文字数をはるかにオーバーしてしまったのです。そこで、ほかの本にも書かれていることは極力省きましたが、それでも泣く泣くカットしたトピックがたくさんあります。まあ言い換えれば、厳選した話題だけをお届けしていると思っていただけるとありがたいです。

ただ、今回は具体的なところまで想像がおよばず、ふれられなかった話題もあります。たとえば「高度な宇宙人はＡＩとどうつきあっているのか」などは、ぜひ今後も考えてみたいテーマです。これはみなさんにも考えてみていただきたいと思います。日々、折々にそんなふうに考えをめぐらせることで、みなさんの生活はきっと、より面白く、豊かになるはずです。

本書を企画したのは、連星の太陽をもつ宇宙人はどんな神を信じるのだろうと考えたことがきっかけでした。第3章の最後にふれた話題です。しかし編集者にプレゼンしてみると「それだけではブルーバックスで出すのは難しいかも」と言われ、先に『時間は逆戻りするのか』という本を書きました。その間も構想は練りつづけ、広く宇宙人の科学的な教養全般をテーマにすることにチャレンジして、2冊目のブルーバックスとして世に出すことができた、じつに感慨深い作品です。編集者の山岸さんには、企画から編集に至るまで本当にお世話になりました。物語風のストーリー運びも、山岸さんの力なくしては完成しなかったと思います。感謝しております。

最後に、これまで支えてくれた家族、妻と最愛の二人の息子たちに感謝の意を述べて締めくくりとさせていただきます。

2021年6月

高水裕一

あなたの宇宙偏差値をチェックしよう

本書に出てきた「宇宙標準の教養」をピックアップしました。また、「宇宙人に太陽系のことを説明するための知識」も含めています。理解できていると思う項目にチェックを入れて、あなたの「宇宙偏差値」を算出してみてください。計算方法は最後のページにあります（この偏差値はあくまで著者の主観にもとづくものです）。

掲載ページ	知見	CHECK 1回目	CHECK 2回目
17	天の川銀河の直径は約 10 万光年あり、その中に約 1000 億個の恒星がある	☐	☐
17	太陽は天の川銀河の中心から端までのほぼ真ん中に位置している	☐	☐
18	太陽から最も近い恒星はケンタウルス座α星の中のプロキシマ・ケンタウリ星で、太陽から約 4.2 光年である	☐	☐
20	自分がどこから来たのかを説明するには「立体星座」が必要である	☐	☐
27	宇宙には銀河はおよそ 2 兆個ある	☐	☐
27	宇宙には恒星はおよそ 1000 億× 2 兆（2 × 10 の 23 乗）個ある	☐	☐
28	星の一生を人生にたとえると 90 歳まで現役で、この期間の星を「主系列星」という	☐	☐
28	恒星は光の波長によって 7 つの「色」に分類できる。これを「スペクトル分類」という	☐	☐
30	軽い星ほど暗くて寿命は長く、重い星ほど明るくて寿命は短い	☐	☐
31	OB 型の星は、質量が太陽の 8 倍以上なら最期は超新星爆発をとげるが、太陽の 30 倍以上なら超新星爆発のあとブラックホールに変わる	☐	☐
33	私たちの太陽は G 型星である	☐	☐
36	白色矮星は質量が太陽程度で、半径は太陽の 100 分の1程度という非常に高密度の「死んだ星」の姿である	☐	☐
45	原子番号は順番に 1 つずつ数が増える	☐	☐
45	すべての元素は宇宙で生成され、それらが集まったり組み合わせを変えたりすることですべてのものが形成される	☐	☐
46	ビッグバンの直後に起こった宇宙で最初の元素合成を「ビッグバン元素合成」という	☐	☐
47	恒星の内部で行われる元素合成を「恒星内元素合成」という	☐	☐

掲載ページ	知見	CHECK 1回目	CHECK 2回目
48	恒星が寿命を終えるときの超新星爆発で起こる元素合成を「超新星元素合成」という	☐	☐
49	元素合成のストーリーを1つの表にしたものを「周期表」という	☐	☐
54	地球人はおもに酸素、炭素、水素、窒素でできている	☐	☐
56	立体星座カタログと星のスペクトル分類図と元素の電子配置図があれば宇宙人と意思疎通ができる	☐	☐
61	恒星の少なくとも半数は、2個以上の星が回りあう「連星」である	☐	☐
66	惑星の公転周期の2乗は軌道の長半径の3乗に比例する。これを地球では「ケプラーの第3法則」という	☐	☐
90	地球の宇宙住所は、たとえば以下のようになる。うお座くじら座超銀河団 Complex　おとめ座超銀河団　おとめ座銀河団　局所銀河群天の川銀河オリオン腕太陽系第3惑星地球（階層構造が理解できていれば OK）	☐	☐
91	銀河の大規模構造は、クモの巣のように宇宙全体に広がっている	☐	☐
106	3つの素粒子の力と重力を統一する理論を「量子重力理論」という	☐	☐
114	「*R*」でシンプルにまとめられた地球の重力理論の美しさは、知的生命に普遍的な指標となる可能性がある	☐	☐
120	私たちが知っているフェルミオンでできた物質（バリオン）が宇宙全体に占める割合は5%に満たず、95%以上は「ダークマター」「ダークエネルギー」と呼ばれるものである	☐	☐
131	宇宙は大きく3つの時代に分かれていて、いまから約40億年前、加速膨張する「ダークエネルギーの時代」に移行した	☐	☐
134	宇宙初期のダークエネルギーに、きわめて小さい真空のエネルギーが選ばれている謎を、地球では「宇宙定数の小ささ問題」と呼んでいる	☐	☐
145	ダークマターは星をつくる水素やヘリウムのガスを集める役割をする	☐	☐
150	銀河はダークマターで固められた真っ黒な球体「ダークハロー」の中にある	☐	☐
151	天の川銀河全体の質量のおよそ9割は目に見えないダークマターの質量である	☐	☐
151	銀河のすべての星はダークマターに飲み込まれて円盤の中をあくせくと回っている	☐	☐

掲載ページ	知見	CHECK 1回目	CHECK 2回目
152	太陽は銀河を時速約 80 万㎞で、銀河の北側（地球の北極側）から見ると時計回りで回転していて、一周にかかる時間は約 2.5 億年とされている	□	□
153	太陽系の全質量の 99.9%は太陽が占めている	□	□
153	星の並び方は変わらないように見えるが、一瞬そう見えているだけの刹那的な図形にすぎない	□	□
154	天の川銀河からいちばん近い銀河は 250 万光年離れたアンドロメダ銀河である	□	□
165	「宇宙の晴れ上がり」のときに最初に宇宙に飛び出した光が、宇宙最古の光である	□	□
170	CMB の温度分布を読み解くと、宇宙の構成要素が分類できる	□	□
172	ビッグバン以前の初期宇宙に何が起きたかは、すべてインフレーションが鍵を握っている	□	□
173	ダークエネルギーとインフレーションは、ともに宇宙を加速膨張させる	□	□
178	光がまだ物質にとらわれていて自由ではなかった最古の宇宙からの重力波をつかまえれば、宇宙創成が解明できる	□	□
180	宇宙のはじまりを解明するには、CMB と宇宙背景重力波という 2 つの「聖典」を読まなくてはならない	□	□
186	カンブリア紀の大爆発以降の生物が大繁栄をとげたのは、身体が「前後」をもち、さらに「左右対称」になったためと考えられる。	□	□
204	単位の国際基準をできるだけ宇宙基準のものに近づけることは文明の向上のために必要である	□	□
212	数の概念は自然数→整数→有理数→実数→複素数と拡張される	□	□
212	複素数のあとは四元数を経て、八元数が最大に拡張された数といえる	□	□
242	太陽系を 1 つの「国」とみなすと、オールトの雲までが「領海」となり、その大きさは約 1 光年である	□	□
245	星どうしは銀河面内でも距離が離れすぎているうえに銀河面から離れる方向にも距離が離れているという絶対的な孤独にある	□	□
245	ドレイクの方程式では、「電波で通信できる範囲」と「交信できる文明の寿命」との関係は重要である	□	□

宇宙偏差値の
計算方法

あなたがチェックできた項目の数＝X

Xが 10 未満のとき➡偏差値＝ 40 ＋X
Xが 10 以上のとき➡偏差値＝ 50 ＋（X − 10）÷ 2
2回目で偏差値 15 上がればあなたは立派な宇宙人！

さくいん

N.D.C.440　270p　18cm

ブルーバックス　B-2176

宇宙人と出会う前に読む本
全宇宙で共通の教養を身につけよう

2021年 7 月20日　第 1 刷発行
2023年 6 月23日　第 8 刷発行

著者　高水裕一
発行者　鈴木章一
発行所　株式会社講談社
〒112-8001　東京都文京区音羽2-12-21
電話　出版　03-5395-3524
販売　03-5395-4415
業務　03-5395-3615
印刷所　（本文印刷）株式会社新藤慶昌堂
（カバー表紙印刷）信毎書籍印刷株式会社
本文データ制作　ブルーバックス
製本所　株式会社国宝社

ISBN978－4－06－524311－4

発刊のことば

科学をあなたのポケットに

二十世紀最大の特色は、それが科学時代であるということです。科学は日に日に進歩を続け、止まるところを知りません。ひと昔前の夢物語もどんどん現実化しており、今やわれわれの生活のすべてが、科学によってゆり動かされているといっても過言ではないでしょう。

そのような背景を考えれば、学者や学生はもちろん、産業人も、セールスマンも、ジャーナリストも、家庭の主婦も、みんなが科学を知らなければ、時代の流れに逆らうことになるでしょう。

ブルーバックス発刊の意義と必然性はそこにあります。このシリーズは、読む人に科学的に物を考える習慣と、科学的に物を見る目を養っていただくことを最大の目標にしています。そのためには、単に原理や法則の解説に終始するのではなくて、政治や経済など、社会科学や人文科学にも関連させて、広い視野から問題を追究していきます。科学はむずかしいという先入観を改める表現と構成、それも類書にないブルーバックスの特色であると信じます。

一九六三年九月　　野間省一